미래 세대를 위한

건축과 국가 권력 이야기

미래 세대를 위한 건축과 국가 권력 이야기

제1판 제1쇄 발행일 2024년 1월 1일
제1판 제2쇄 발행일 2024년 10월 3일

글 _ 서윤영
기획 _ 책도둑(박정훈, 박정식, 김민호)
디자인 _ 이안디자인
펴낸이 _ 김은지
펴낸곳 _ 철수와영희
등록번호 _ 제319-2005-42호
주소 _ 서울시 마포구 월드컵로 65, 302호(망원동, 양경회관)
전화 _ 02) 332-0815
팩스 _ 02) 6003-1958
전자우편 _ chulsu815@hanmail.net

ISBN 979-11-7153-004-5 43540

철수와영희 출판사는 '어린이' 철수와 영희, '어른' 철수와 영희에게 도움 되는 책을 펴내기 위해 노력합니다.

미래 세대를 위한

건축과 국가 권력 이야기

글 | 서윤영

철수와영희

국가 권력을 위해 건축은 어떤 역할을 했을까요?

시장이 '보이지 않는 손'에 의해서 지배된다면 도시는 '보이는 주먹'에 의해 그 모습이 결정된다고 할 수 있습니다. 근대 사회에서 가장 강력한 권력 기구로 등장한 '국가'는 이데올로기를 통해 국민을 지배하는데 그 이데올로기를 물리적 형태로 구현한 것이 도시와 건축이기 때문입니다. 건축가는 건축주가 있어야만 건축 행위를 할 수 있으며, 현대 사회에서 가장 크고 강력한 건축주는 국가라 할 수 있습니다. 따라서 건축가는 국가 권력에 순응할 수밖에 없고 때로 그 권력에 적극적으로 동조하고 찬양하기도 합니다. 그들은 누구였으며 어떤 형태의 건축물이 지어졌는지 알아보고자 합니다.

기후 위기, 탄소 중립, 친환경 대체 에너지 등등 요즘 전 지구적으로 가장 큰 관심사는 이런 문제들일 것입니다. 그렇다면 지난 100년간 세상에서는 어떤 일이 벌어지고 인류는 무엇을 고민했을까요? 1920~1930년대 유럽은 제1차 세계 대전이 끝나고 난 후의 갈등과 자본주의의 위기로 심각한 문제를 겪고 있었습니다.

100년 전 세상인 20세기 초반의 모습을 알기 위해서는 19세기의 상황부터 먼저 살펴보아야 합니다. 19세기는 흔히 '혁명의 시대'로 불리고 있는데, 그 이유는 기술적, 정치적 혁명이 모두 일어났기 때문입니다. 영국에서는 기술 혁명이라 할 수 있는 산업 혁명이 절정에 올랐습니다. 그리고 1848년에는 유럽에서 혁명이 동시다발적으로 일어났습니다. 혁명의 이유는 전제 군주제와 경제 위기 때문이라고 할 수 있는데, 19세기 중반부터 자본주의의 모순이 드러나기 시작했습니다. 산업 혁명과 자본주의의 위기는 서로 밀접한 관계가 있습니다.

산업 혁명이 일어나 공장에서 기계로 물건을 생산하기 시작하면서 두 가지 문제에 직면하게 됩니다. 우선 싼값에 원자재를 대량 공급받을 수 있는 원료 공급지가 있어야 하고, 공장에서 대량 생산된 물품을 내다 팔 수 있는 대형 소비 시장이 있어야 합니다. 자본주의를 유지하려면 이 두 가지 요건을 충족해야 했습니다.

산업 혁명이 가장 먼저 일어나 19세기 내내 '세계의 공장'이라 불리던 영국에서는 이를 해결하기 위해 해외 식민지를 개척하는 방식을 택했습니다. 인도를 비롯하여 얼마나 많은 식민지를 가졌는지 당시 영국을 '해가 지지 않는 나라'라고 했을 정도입니다. 영국이 지배하는 땅인 '영국령'이 워낙 방대해서 한쪽에서 해가 져도 다른 한쪽은 해가 여전히 떠 있었기에 붙여진 이름입니다. 한편 프랑스도 영국 못지않은 공업국이었고 베트남과 아프리카 등지에 많은 식민지를 가지고 있었습니다.

19세기 후반이 되자 독일과 러시아 등이 후발 공업국으로 진입하면서 이들 역시 원료 공급지와 상품 소비 시장으로서 해외 식민지가 필요해졌고, 그러다 전쟁이 벌어집니다. 공업화는 진행되었지만 식민지가 별로 없던 독일과 러시아의 격돌이 제1차 세계 대전의 원인 중 하나라고 하겠습니다. 독일과 러시아는 전쟁이 끝나면서 왕정이 종식되었습니다.

독일에서는 히틀러가 등장하고 극우파인 나치 정당이 정권을 잡았습니다. 러시아에서는 레닌이 등장하여 사회주의 국가가 되었습니다. 한편 후발 공업국으로서 비슷한 처지에 있던 이탈리아는 무솔리니를 당수로 하는 파시즘 정당이 정권을 잡았습니다. 아울러 아시아에서는 일본이 19세기 말부터 후발 공업국이 되었고, 청일 전쟁과 러일 전쟁을 벌여 각각 승전한 뒤 타이완과 한국을 차례로 식민지로 삼았습니다. 그리고 1930년대부터 중일 전쟁과 태평양 전쟁을 준비하면서 군국주의로 치달아 갔습니다.

이처럼 20세기 초반의 세계는 19세기에 일어난 산업 혁명으로 인한 자본주의의 위기, 선발 공업국과 후발 공업국 사이의 식민지 각축전으로 혼란스러웠고 이로 인해 제1차 세계 대전1914~1918년을 겪어야 했습니다. 그리고 제1차 세계 대전의 피해를 수습하면서 러시아에서는 사회주의, 독일에서는 나치즘, 이탈리아에서는 파시즘이 등장했다고 볼 수 있습니다. 그렇다면 이렇게 강압적인 정치 이데올로기 아래서 건축과 도시의 모습은 어떠했을까요?

제1차 세계 대전이 끝나고 유럽 대부분의 나라에서는 새로운 현대 국가가 등장했습니다. 왕정이 종식되어 국민이 대통령을 선출하는 민주 공화정이 되거나 혹은 왕은 상징적 존재로만 남는 입헌 군주제가 채택되어 국민이 직접 총리를 선출하게 되었습니다. 이와 동시에 새로운 국가에 필요한 새로운 제도와 새로운 건축물이 등장했습니다.

왕정 대신 의회 정치를 시작하면서 의회 의사당이 필요해졌습니다. 왕명에 의한 통치가 아닌 법에 의한 통치 곧 법치주의를 시행하면서 재판소와 법정이 필요해졌고, 법치를 실행할 법관과 행정관을 양성하기 위한 새로운 교육 기관으로서 대학이 필요해졌습니다. 아울러 과거 귀족과 신민이 사라지고 모두 평등한 국민이 되었으므로 이들을 위한 시설도 필요해졌습니다. 그것은 극장과 음악당, 박물관, 미술관 등이었습니다. 과거 왕과 귀족만이 즐길 수 있던 고급 예술을 이제 국민 모두 즐길 수 있도록 한 시설이라 할 수 있습니다.

이처럼 새 국가에 걸맞는 새로운 시설이 필요해졌지만, 또 한편으로 옛 국가에서 사용했던 시설을 어떻게 할까 하는 문제도 제기되었습니다. 왕과 왕실 가족이 살던 왕궁은 어떻게 해야 할까요? 왕실 소유여서 일반 국민은 접근조차 불가능했던 널따란 왕실 숲은 어떻게 해야 할까요?

어떤 건물을 어디에 어떻게 지을지는 그 사회를 지배하는 생각 즉 '지배 담론'을 따르는 경우가 많습니다. 예를 들어 왕이 곧 신과 동일시되던 고대 국가에서는 왕의 무덤을 거대하게 조성했습니다. 왕권이 강력하기로 유명했던 고대 이집트에서는 왕의 부활을 꿈꾸며 시신을 미라로 만들고, 거대한 피라미드를 조성했습니다. 하늘의 아들 곧 '천자'라 불렸던 진시황도 불멸을 꿈꾸며 진시황릉을 조성했습니다.

종교가 세상을 지배하던 중세 시대에는 거대한 성당들이 지어졌고 왕궁은 상대적으로 크기가 작고 수수했습니다. 하지만 절대 왕정 시대가 되면 프랑스의 베르사유와 루브르를 비롯하여 왕궁이 크고 화려하게 지어지고 대신 성당은 상대적으로 규모가 축소됩니다. 21세기인 지금은 더 이상 예전과 같은 무덤이나 성당, 왕궁은 지어지지 않고 있습니다. 21세기의 특징은 국가를 초월하는 다국적 거대 기업의 등장이라 할 수 있는데, 그 기업들의 사옥이 가장 크고 화려하게 지어집니다. 지금 우리나라에서도 땅값이 비싸기로 소문난 번화가에는 국내 굴지의 대기업 사옥들이 줄지어 들어서 있는 것을 볼 수 있습니다. 이처럼 무엇을 어디에 어떻게 지을 것인가 하는 것은 그 사회를 지배하는 가치와 사상을 따릅니다.

100년 전인 20세기 초반, 유럽 각국은 왕정이 종식되거나 입헌 군주제로 빠르게 전환되었습니다. 그때 사회적 수명이 다한 건물들은 용도가 변경되거나 혹은 헐리고 그 자리에 새로운 시설이 지어졌습니다. 이를테면 왕궁은 박물관이 되거나 혹은 헐리고 그 자리에 대학이 지어졌습니다. 예전에 왕실 전용 사냥터이던 곳을 시민 공원으로 개방하기도 했습니다. 왕실이 사라지고 대신 선거를 통해 대통령이나 총리를 선출하는 '국민'이 새로운 정치 주체로 등장하자, 옛 왕실 터를 허물어 국민을 위한 새로운 시설을 지은 것입니다. 그렇다면 그 구체적인 모습은 과연 어떠했는가를 수도를 중심으로 살펴보고자 합니다. 한 나라의 수도는 정치권력을 담기 위한 거대한 그릇이기 때문입니다.

이 책에서는 19세기와 20세기에 새로운 국가 권력을 담기 위해 건축이 어떻게 했는지를 살펴봅니다. 우선 19세기에 흥성했던 프랑스의 파리, 프로이센의 베를린, 오스트리아의 빈을 살펴보고자 합니다. 그리고 1920~1930년대 이탈리아의 로마, 독일의 베를린, 러시아의 상트페테르부르크와 모스크바 및 일본의 도쿄를 살펴보고자 합니다. 끝으로 식민지 치하에서의 한양과 한국 전쟁 후 급격한 공업화와 경제 성장을 이루던 1960~1970년대 대한민국 서울의 모습을 살펴보겠습니다.

이 책이 건축과 도시에 관심이 있는 청소년은 물론, 지배 권력이 어떻게 건축과 맞물려 있는지에 관심이 있는 성인들에게도 도움이 되기를 바랍니다.

서윤영 드림

차례

2
전쟁과 제국의 시대

3
한국 근현대 건축사

1.

19세기 유럽의 정치사와 건축

01. 혁명기 프랑스 파리의 풍경

프랑스 파리는 전 세계 관광객들이 가장 가고 싶어 하는 도시 중 하나입니다. 개선문을 중심으로 여러 개의 도로가 뻗어 나가는 에투알 광장이 가장 유명합니다. 또한 파리 구도심의 건물들은 7층 높이의 공동 주택인 아파르트망appartment이 이끼처럼 고르게 깔려 있어 통일성 있는 스카이라인을 완성합니다. 이렇게 고풍스럽고 우아한 파리의 모습은 사실 19세기 중반에 완성되어 현재에 이르고 있는 것입니다. 정확히 말하자면 1850년경 나폴레옹 3세에 의해 완성된 것입니다. 그렇다면 나폴레옹 3세는 누구였으며 파리를 새롭게 리모델링한 이유는 무엇이었을까요?

절대 왕정의 산물, 베르사유 궁전

프랑스는 유럽 국가 중에서 가장 먼저, 그리고 가장 강력한 절대 왕정을 이룩한 나라였습니다. 일찍이 루이 14세는 “짐이 곧 국가이니라"라는 말을 했던 것으로 유명합니다. 앙리 4세, 루이 13세 · 14세 · 15세 · 16세로 이어지는 이 왕조를 부르봉 왕조라고 하는데, 대략 이 시기부터 프랑스는 강대국으로 부상했고 수도로서의 파리의 모습도 이 시기부터 갖추어지기 시작했습니다. 파리는 중세 시대 바이킹의 침입을 방어하기 위한 요새에 가까웠지만, 앙리 4세 시절 루브르 성채를 크게 확장하여 궁전으로 만들었고 손자인 루이 14세는 파리의 시 구역을 크게 확장했습니다. 그리고 1668년 베르사유 궁전을 지어서 그곳으로 거처를 옮기면서 귀족들에게 자신의 영지가 있는 지방을 떠나 베르사유에서 살도록 했습니다. 지금 우리는 베르사유를 궁전으로 알고 있지만 실제로는 파리 외곽에 새로 만든 신도시 혹은 정치적 행정 도시에 가깝고 면적도 현재의 베르사유 궁전보다 10배 정도로 넓었습니다.

루이 14세가 지방 귀족들을 모두 베르사유로 불러들인 이유는 지방 권력을 해체하고 중앙 집권을 강화하기 위해서였습니다. 중세의 귀족들은 각 지방에 있는 자신의 방대한 영지 내에 거주하면서 그곳에서 사실상 지배자 노릇을 했습니다. 하지만 루이 14세가 베르사유 궁전에서 살게 하자 이들의 권력은 상대적으로 약화될 수밖에 없었습니다. 한편 이들이 궁정 안에 모여 살게 되면서 서로 경

베르사유 궁전. 본래 베르사유는 하나의 거대한 행정 도시에 가까웠다. 현재의 모습은 본래 크기의 1/10에 해당한다.

쟁적으로 옷, 구두, 화장품, 머리 모양 꾸미기에 치중했습니다. 귀족들이 사치 경쟁을 하게 되면서 고급 의류와 사치품 시장이 크게 발달했습니다. 세련되고 섬세한 궁정 예절이 생기게 된 것도 이즈음입니다. 특히 프랑스 상류 사회를 '궁정 사회'라 하고 이들의 예절을 '에티켓'이라 했습니다.

프랑스의 절대 왕정은 루이 16세까지 이어졌습니다. 그리고 이렇게 화려한 궁정 생활의 무대가 되는 곳이 베르사유 궁전과 루브르 궁전이었습니다. 이 두 궁전은 화려한 바로크 양식으로 지어진 이래 몇 번의 증개축 과정을 거치며 더욱 커지고 웅장해졌습니다. 그리고 이 건물의 설계는 왕립 아카데미 출신의 건축가들이 담당했습니다. 절대 왕정 시대의 기술 교육은 왕립 아카데미가 담당했는데, 중세의 길드제에 기반한 도제 교육을 대체하기 위해 설립된 새로운 교육 기관이었습니다.

중세 시대에 기능공이나 장인이 되고자 하는 청소년은 요즘과는 전혀 다른 환경에서 교육을 받고 성장했습니다. 빠르면 7~8세, 늦어도 12~13세 정도가 되면 이웃에 있는 장인의 집에 들어가서 잔심부름부터 하면서 일을 배웠는데 이를 '도제'라고 했습니다. 그러다가 16~17세 무렵이 되면 좀 더 전문적으로 일을 배우기 위해 큰 도시에 나가 더 유명한 장인 밑으로 들어갔습니다. 어깨너머로 일을 배우면서 몇 년을 견뎌 내야 비로소 그 자신도 장인이 되어 자신의 이름을 내건 가게를 열 수 있었습니다. 이때 도제에게 무엇을 가르치며 어떤 대우를 할 것인가, 혹은 도제에게 장인임을 인증하는 기능장을 줄 것인가, 말 것인가 하는 문제 등은 장인들의 연합체인 '길드'에서 결정했습니다. 즉 중세 시대에는 교육과 인력 관리에 있어 국가가 개입할 여지가 거의 없었습니다. 하지만 절대 왕정 시대가 되면서 중세 시대보다 국가의 개입이 훨씬 더 강력하고 섬세해집니다. 길드가 담당하던 교육도 국가가 담당했습니다. 한편으로 중세의 소멸과 함께 길드가 사실상 해체되면서 보다 체계적이고 전문적인 새로운 교육 기관이 필요해졌는데, 그것이 바로 왕립 아카데미입니다.

프랑스의 왕립 아카데미는 주로 루이 14세 시절에 설립되었습니다. 왕립 무용아카데미1661년, 왕립 문학아카데미1666년, 왕립 과학아카데미1666년와 왕립 음악아카데미1666년 및 왕립 회화아카데미1668년에 이어 1671년에는 왕립 건축아카데미가 설립됩니다. 아카데미들은 외부의 건물이 아니라 루브르 궁전 내에 있는 건물에 마련되어 있었고 학비도 왕실의 지원을 받았습니다. 특히 건축아카데미의 졸업생들은 국가 시설의 설계를 담당하는 국가 건축가가 되어 활동했고, 국가는 어떤 양식으로 지어야 할지를 세심하게 지시했습니다.

그 대표적 건물이 베르사유 궁전입니다. 본래는 왕실 사냥터에 있던 조그만 별궁이었는데 루이 14세 시절에 대대적으로 증개축한 것입니다. 장엄한 바로크 양식의 건물로서 축과 대칭의 강조, 중심점으로 집중되는 평면, 고전적인 비례의 엄수 등등의 세부 지침이 있었습니다. 이를 '그랜드 매너Grand Manner'라고 하는데 '대규범'이라 번역할 수 있습니다. 건축아카데미 졸업생들은 바로 이런 그랜드 매너를 준수해 가며 설계를 해야 했고 결과적으로 그랜드 매너는 국가 양식이 되어 퍼져 나갔습니다. 이처럼 중세의 도제 교육과 길드 체계를 대체한 왕립 아카데미는 무용, 음악, 회화, 건축 등에서 국가 양식을 교육하고 재생산할 수 있었습니다. 중세 시대와 비교해 왕실의 대민 지배력이 훨씬 더 강화되고 구체화된 것, 이것이 절대 왕정의 특징 중 하나입니다.

나폴레옹 전쟁과 '애국 시민'의 탄생

17~18세기 프랑스는 유럽에서 가장 부유했고 특히 루이 14세와 15세는 국력을 더욱 과시하기 위해 외국과 전쟁을 치르면서 많은 돈을 쓰게 됩니다. 전쟁 비용을 충당하기 위해 국채를 발행했는데, 국채가 너무 많아 채무를 갚기는커녕 이자만 간신히 지급할 정도였습니다. 그다음 즉위한 루이 16세는 이에 더해 미국 독립 전쟁에 자금을 댑니다. 직접적 이해관계가 없는데도 굳이 이 전쟁에 관여

했던 이유는 대략 다음과 같습니다.

우선 프랑스의 오랜 숙적이던 영국을 제압하기 위해 적의 적이었던 미국에게 전쟁 자금을 대 준 것이고, 이후 미국이 승리하면 나중에 미국이 프랑스에게 뭔가 보상을 해 줄 것이라는 속셈도 있었습니다. 미국이 승리를 했지만 그다지 실익은 없었습니다. 오히려 루이 14세 · 15세 · 16세까지 몇 대에 걸쳐 전쟁을 치르느라 프랑스의 국고는 바닥이 났는데, 이것이 프랑스 대혁명의 가장 큰 원인입니다.

혁명 직전인 1788년 프랑스의 지출 내역을 보면 흔히 '마리 앙투아네트의 사치'로 알려진 왕실 경비는 전체 지출의 6% 정도였습니다. 당시 가장 부유했던 프랑스가 그 정도 지출로 국고가 휘청거릴 정도는 아니었습니다. 이 외에 25% 정도가 전쟁과 외교 등에 대한 지출이었으며 가장 큰 문제는 그동안 발행했던 국채의 이자 지급 비용으로 전체의 50%에 해당했습니다. 이자 지급에만 지출의 절반이 쓰인다는 것은 결코 정상적인 상황이 아니었습니다. 무엇보다 물가가 폭등해서 서민의 생활은 아주 궁핍해졌습니다.

그러자 루이 16세는 부족한 국고를 충당하기 위해 세금을 더 걷기로 하고 이에 대한 의견을 묻기 위해 삼부회를 소집합니다. 제1신분인 귀족, 제2신분인 성직자 그리고 제3신분인 부르주아도시 중산층으로 상인, 전문직 종사자 등가 모였습니다. 숫자상으로는 부르주아가 가장 많았지만 이들에게 할당된 선거권은 적었고 이것이 바로 프랑스 대혁명의 직접 원인이었습니다. 성난 부르주아들은 정치범을 수감했던 바스티유 감옥을 습격하여 죄수들을 풀어주고 화려한 베르사유 궁전에 있던 왕과 왕비를 작고 수수한 튀일리 궁전에 유폐했습니다.

이렇게 되자 전 유럽이 깜짝 놀랐고 특히 각국의 왕실은 큰 위기감을 느꼈습니다. 혹시 혁명의 물결이 자국에도 밀어닥칠까 봐 우려했습니다. 무엇보다 유럽 왕실은 서로 친척 관계로 얽혀 있었습니다. 실제 오스트리아 왕실은 마리 앙투아네트의 친정이었습니다. 위기에 빠진 프랑스 왕실을 구하기 위해 각국에서 군대를 파견하자 프랑스 국민도 가만있을 수 없었습니다. 혁명군은 곧 국민군이 되어 응전했고 프랑스 국민군은 가는 곳마다 승리했습니다. 이러한 일련의 전쟁을 당시 군사령관이던 나폴레옹의 이름을 따서 '나폴레옹 전쟁'이라 합니다.

요즘의 시각으로 보면 내정 간섭이라고도 할 수 있는데도 유럽 각국이 프랑스에 군대를 파견한 이유는 "국민이 왕실을 타도할 수 없다"는 계급 이데올로기 때문이었습니다. 이에 프랑스 국민들은 "다른 나라가 우리나라의 일에 간섭할 수 없다"는 민족 이데올로기로 맞섰습니다. 다시 말해 나폴레옹 전쟁의 의의는 기존의 계급 이데올로기를 대체하는 새로운 민족 이데올로기가 등장했다는 데 있습니다. '민족'이라는 것은 그전까지는 막연하고 어렴풋했다가 19세기에 들어 새로이 그 중요성이 부각된 개념이자, 이 시기에 새로운 이데올로기로 만들어진 개념입니다.

"짐이 곧 국가이니라, 짐의 권력은 하늘로부터 받았노라"라는 말로 유명했던 프랑스의 절대 왕정도 1789년의 대혁명으로 인해 막을 내립니다. 이후 나폴레옹 전쟁을 치르며 프랑스가 내세운 이데올로기는 민족 혹은 국민이라는 개념이었습니다. 프랑스는 전제 군주 한 명의 소유물이 아닌, 프랑스 국민 전체의 것이며, '국민'은 프랑스를 구성하는 민족 전체를 말하는 개념으로 새로 정립된 것입니다. 이제 민중들은 절대 왕정의 신민이 아닌, 새로운 국가의 국민이 되었습니다. 이와 함께 나라에 대해 가져야 할 마음가짐도 바뀝니다. 군주 개인에 대한 충성심이 아닌, 국가에 대한 애국심이 요구되었어요. 따라서 충성심을 대체할 애국심이라는 새로운 이념을 끌어내기 위한 물리적 장치로서 새로운 건축 시설이 필요하게 되었습니다.

새로운 프랑스를 상징하는 개선문

우선 나폴레옹 전쟁의 승리를 기념하고 새로운 프랑스의 탄생을 상징적으로 보여 주기 위한 장치로 개선문을 세웠습니다. 1806년에 공사를 시작하여 잠시 중단되었다가 1836년에 완공되었는데, 건축가 장 샬그랭Jean Chalgrin, 1739~1811년의 설계로 지어진 신고전주의 건물입니다. 신고전주의란 민족 국가의 등장과 함께 19세기 유럽 각국에서 크게 유행한 건축 양식입니다.

절대 왕정 시대에 유행한 건축 양식은 웅장하고 화려한 바로크 양식이라고 앞서 이야기했는데, 그 이후에는 좀 더 세부 장식에 치중한 로코코 양식도 유행했습니다. 하지만 19세기 유럽에서 새롭게 민족주의가 등장하면서 고대 그리스 시대의 건축 양식을 다시 불러내어 새롭게 재해석한 신고전주의가 유행합니다. 민족 개념이 등장하면 정치 이념으로서는 민족 혹은 민중이 주인 되는 민주주의가 따라옵니다. 절대 군주가 처형된 뒤 왕위에 올랐던 나폴레옹으로서는 적어도 외견상으로는 통치에 있어 민주적인 형식을 취해

개선문. 사각형의 육중한 건물 형태가 고대 그리스 양식을 떠올리게 한다.

야 했습니다. 일찍이 민주주의의 산실로 알려진 고대 그리스의 건축 양식이 다시 부활한 것은 당연한 귀결이었습니다.

아울러 이 시기 유럽 전역에서 신고전주의가 유행한 데에는 또 다른 이유도 있습니다. 폼페이, 헤르쿨라네움, 파에스툼 등 고대 도시 유적이 대거 발굴되면서 화려하고 복잡한 귀족 문화 대신 수수하고 소박한 고대 문화에 대한 관심이 증가했다고 볼 수 있습니다.

이즈음은 르네상스 - 바로크 - 로코코로 이어지는 화려한 장식 문화에 싫증이 난 시기이기도 했습니다. 그리하여 건축 문화는 19세기부터 고대 그리스 건축을 다시 불러낸 신고전주의로 돌아서게 됩니다.

한편 나폴레옹 전쟁에서 패한 유럽 왕실은 혁명의 물결이 번지지 않도록 힘써야 했습니다. 그러기 위해 이제 나라의 주인은 국민이라고 인식시켜야 했고 그 과정에서 민족 개념이 등장합니다. 그러니 유럽 각국에서 민족주의의 등장과 함께 인본주의적인 고대 그리스 양식이 유행한 것은 당연했습니다. 이제부터 국가가 짓는 상징적 건물들은 그리스 양식이어야 했습니다. 파리의 개선문은 사각형의 육중한 건물 형태가 강건한 고대 그리스 양식을 떠올리게 했습니다.

한편 남북 대로와 동서 대로가 십자형으로 교차하는 지점에 놓인 개선문은 프랑스 건국 과정에서 스러져간 수많은 무명용사들의 묘비이기도 했습니다. 1층에는 이들의 넋을 기리기 위해 마련한 '꺼지지 않는 불'이 지금도 타오르고 있으니까요. 전쟁이든 혁명이든 국가를 위해 희생한 이들의 무덤은 애국심을 상징합니다. 기존의 충성심을 대체하는 새로운 개념인 애국심을 담기 위한 물리적

도구로서 개선문이 작용하고 있는 것입니다.

나폴레옹은 승승장구하면서 점차 교만해지기 시작했습니다. 1799년 프랑스 공화국의 제1통령이 되었던 나폴레옹은 1804년 스스로 황제가 되어 노트르담 성당에서 대관식을 하고 나폴레옹 1세가 되었습니다. 이 시기 나폴레옹 1세의 모습은 〈대관식의 나폴레옹〉, 〈옥좌 위의 나폴레옹〉이라는 두 그림으로 요약할 수 있습니다. 대관식을 통해 황제의 관을 쓰는 모습, 마치 제우스를 연상시키는 옥좌에 앉은 나폴레옹은 모두 신고전주의 회화의 대표작들입니다. 이렇듯 기세등등하던 그도 워털루 전쟁에서 패하면서 실각하게 되고, 이후 다시 왕정이 복고됩니다. 1814~1848년까지 루이 18세, 샤를 10세, 루이 필리프 등 부르봉 왕조의 왕들이 다시 복귀하자 프랑스는 내내 시위가 벌어집니다. 이것이 당시 프랑스의 정치 상황이었습니다.

파리 재개발과 아파르트망의 등장

1830~40년대가 되면 프랑스에서도 산업이 발달합니다. 인구가 도시로 유입되어 파리의 인구는 100만 명을 넘어섰습니다. 인구는

갑자기 많아졌는데 도시의 기반 시설은 그대로인 상황에서 도시민의 불만이 누적되었습니다. 이렇듯 정치적으로나 경제적으로 어려운 상황에서 1848년 큰 시위가 일어나 루이 필리프 왕이 퇴위하고 다시 공화국 체제로 복귀합니다. 1848년은 유럽 각국에서 연쇄적으로 혁명이 일어났는데, 그중 프랑스에서 일어난 혁명이 가장 유명했습니다. 복귀했던 부르봉 왕조를 다시 한번 몰아냈으니까요. 그리고 대통령으로 당선된 이가 나폴레옹 1세의 조카인 루이 나폴레옹이었습니다. 하지만 그도 곧 쿠데타를 일으켜 1851년 스스로 황제, 즉 나폴레옹 3세가 되자 파리는 또다시 시위의 물결로 뒤덮였습니다.

당시만 해도 파리는 중세 도시의 모습을 많이 간직하고 있었습니다. 도로는 좁고 구불구불해서 시위대는 좁은 도로를 점거하고 바리케이드를 친 뒤 거리의 보도블록을 뜯어내어 던지는 가두 투석전을 주로 벌였습니다. 그러다가 경찰대가 나타나면 골목길로 뿔뿔이 흩어져버려 진압이 쉽지 않았습니다. 파리는 센강을 중심으로 빈곤한 동쪽과 부유한 서쪽으로 나뉘어 있었는데 시위는 주로 동쪽에서 빈번하게 일어났습니다. 나폴레옹 3세는 시위와 혼란을 수습하고 도시의 실업 문제를 해소하기 위해 슬럼가이자 골칫

덩이이던 동쪽 구역에 대한 대대적인 파리 재개발을 실시합니다.

그 실무를 담당한 사람은 1853년 파리 지사로 임명된 조르주 외젠 오스만 남작Baron Georges-Eugène Haussmann이었습니다. 그는 우선 좁고 구불구불한 길을 없애고 개선문을 중심으로 넓고 곧은 대로를 개통합니다. 기존의 십자 교차로였던 곳은 사선 방향의 도로를 더 개통하여 이제 10개 도로가 뻗어 나가는 광장이 되었고 그 한가운데 개선문이 있었습니다. 이렇게 되자 한가운데의 개선문 위에 올라서서 사방을 둘러보면 지금 파리의 어느 지역에서 무슨 일이 벌어지고 있는지를 한눈에 파악할 수 있게 되었습니다. 파리 전역에 방사선형 도로 체계가 형성되면서 벤담의 파놉티콘 효과가 발생한 것입니다.

일반적으로 도시 전체에 주요 간선 도로를 개통하는 방법은 크게 두 가지가 있습니다. 하나는 바둑판과도 같이 남북 방향과 동서 방향의 도로를 반복해서 내는 격자형 도로 체계입니다. 고대 로마를 비롯하여 당나라의 수도 장안 등 고대 도시들은 대개 격자형 도로 체계가 대부분입니다. 수학적으로 말하면 직교 좌표계라 할 수 있는데, 동서남북 네 개의 방향만 알고 있으면 어디서든 도로를 쉽게 개통할 수 있기 때문에 고대 도시에서 주로 사용되었습니다.

또 한 가지 방법은 가운데 중심을 두고 사방팔방으로 뻗어 나가는 방사선형 도로와 동심원 도로를 개통하는 방법입니다. 위에서 보면 마치 거미줄 혹은 과녁판과도 비슷해 보이는데 수학적으로 말하면 극좌표계입니다. 이는 중점을 중심으로 각도와 지름을 알아야 하므로 공간을 파악하기가 조금 어렵습니다. 그래서 과학지식과 측량술이 발달한 르네상스 이후의 도시들에서 주로 나타납니다. 특히 방사선형 도로 체계는 가운데 구심점이 되는 웅장한 건물이나 상징적 조형물을 두면 도로 어느 곳에서나 건물과 조형물이 보이기 때문에 절대 왕정 시대에 주로 많이 건설되었습니다. 거미줄 같은 도로 체계는 한가운데 거미가 앉아 있다가 벌레가 거미줄에 걸리면 그 진동이 느껴지는 방향으로 얼른 달려가 잡을 수 있듯, 개선문 위에 감시자를 두면 시위가 발생했을 때 재빨리 그 위치를 파악해 진압할 수 있었습니다.

또한 새로운 도로는 보도블록을 모두 걷어내고 머캐덤Macadam 공법으로 포장되었습니다. 이는 자갈을 깐 뒤 그 위에 아스팔트를 부어 굳히는 도로포장 공법으로 이로써 보도블록을 깨서 던지는 투석전이 불가능하게 되었습니다. 대대적으로 도심 재개발을 하는 과정에서 가난하던 동쪽 구역의 슬럼가가 제일 먼저 철거되었고

파리 시내의 7층 아파르트망. 1층에 상점이 있고 2~6층까지 아파트이며 7층은 다락인 건물이다.

대략 35만 명의 이주민들은 파리 외곽의 변두리로 강제 이주를 해야 했습니다. 철거 후의 공터들은 개발업자들에게 싼값에 내주어 공동 주택을 짓게 했는데, 특혜를 주는 대신 건축 양식과 재료를 엄격하게 통제했습니다. 모든 건물을 20미터 이하로만 짓게 하자 7층 건물만이 가능하게 되었습니다. 그러자 1층은 상점이고 2~7층은 살림집 형태인 아파르트망이 즐비하게 들어섭니다.

아파르트망은 프랑스식 아파트라 할 수 있으며 요즘으로 말하자면 상가와 주택을 겸하는 다세대 주택이라 할 수 있습니다. 그리하여 19세기 중반 파리는 7층 높이의 가지런한 스카이라인과, 비슷한 재료와 형태의 아파르트망들이 균질하게 늘어선 모습을 갖게 되었습니다. 오늘날 파리 시내를 관광하다 보면 도심에서 고층 아파트나 단독 주택을 거의 찾아볼 수 없고 대신 늘어선 7층 높이의 아파르트망을 보게 되는 것도 이 때문입니다.

시민 공원이 된
왕실 사냥터

빈민가를 몰아내고 새로이 단장된 파리에는 부르주아 시민을 위한 네 개의 큰 도심 공원인 튀일리 공원, 불로뉴 숲, 뷔트 쇼몽 숲, 뱅센 숲이 들어섰습니다. 이 중 불로뉴 숲은 본래 메마른 공터였고 뷔트 쇼몽 숲은 쓰레기 처리장이 있던 곳이었습니다. 공터나 쓰레기 처리장을 공원으로 개조했다는 것은, 이 시기 위생과 시민 건강이 새로운 담론으로 등장했다는 의미입니다. 한편 튀일리 공원은 본래 튀일리 궁전이 있던 곳이었고 뱅센 숲은 왕실 전용 사냥터가 있던 곳으로서 예전에는 일반인의 출입이 금지되던 곳이었습니다.

중세 시대와 절대 왕정 시대에 사냥은 왕과 왕족, 귀족들만이 즐길 수 있는 고급 스포츠였습니다. 사냥을 하려면 짐승들이 뛰어다닐 만한 넓은 땅이 필요한데 그렇게 넓은 땅을 소유할 수 있는 사람은 왕과 귀족밖에 없었으니까요. 이처럼 본래 왕실 전용 궁전과 사냥터를 공원과 숲으로 개조한 것은, 부르봉 왕조를 몰아내고 스스로 황제 자리에 올랐던 나폴레옹 3세의 정치적 의사 표현이라 할 수 있습니다.

비슷한 일은 예전에도 한 번 있었습니다. 고대 로마 제국 시절이던 기원후 64년 로마에 대화재가 발생했습니다. 이때의 황제는 네로였는데, 이후 그는 불타 버린 로마를 재건하면서 자신을 위한 호화 궁전도 함께 지었습니다. 도무스 아우레아Domus Aurea, 일명 '황금 궁전'이라 불리던 그곳은 규모가 컸던 탓에 완공에도 오랜 시간이 걸렸지만 곧 철거되고야 말았습니다. 네로가 실각하고 나서 30년 뒤에 등극한 트라야누스 황제가 황금 궁전을 허물고 그 자리에 원형 경기장인 콜로세움을 지었으니까요. 이는 황제 한 명만을 위한 호화 궁전을 허물고 대신 시민 모두를 위한 경기장을 짓는다는 트라야누스 황제의 정치적 의사 표현이기도 했습니다.

네로의 호화 궁전은 지금도 유적이 조금 남아 있긴 하지만 그것을 기억하는 사람은 거의 없고 대신 트라야누스의 콜로세움만이 널리 알려져 있습니다. 본래 튀일리 궁전이 있던 곳을 튀일리 공원으로 만들고, 왕실 전용 사냥터이던 곳을 뱅센 공원으로 만들어 시민에게 개방한 것은 바로 이런 나폴레옹 3세의 정치적 행위였습니다. 새로이 들어선 네 개의 큰 공원은 시위를 무자비하게 진압하고 황위에 오른 나폴레옹 3세가 시민에게 베푸는 일종의 '빵과 서커스'였습니다. 왕실의 숲과 궁궐을 허물어 시민 모두를 위한 공원으로 개장한다는 것은 상징적 효과도 컸고 또한 대대적인 건설 공사는 일자리를 창출하는 효과도 있었습니다.

한편 극장은 정치 기반이 미약한 지도자가 시민에게 제공하는 일종의 선물이라 할 수 있습니다. 검투사와 짐승의 혈투, 전차 경주 등이 주요 볼거리였던 고대 로마에서 원형 경기장을 지었다면 오페라가 가장 화려한 볼거리였던 19세기 파리에서는 오페라 하우스를 지었습니다. 17~18세기 유럽에서 오페라는 본래 왕족과 귀족들만이 즐길 수 있는 고급 예술이었습니다. 19세기 오페라 하우스는 새로이 등장한 부르주아, 즉 시민 계급도 과거 귀족이 누리던 고급 예술을 향유할 수 있게 하자는 취지에서 세워진 극장입니다.

오페라 하우스. 에콜 데 보자르 출신의 젊은 건축가 샤를 가르니에의 작품으로 엠파이어 스타일의 건물이다.

지금도 여전히 우아하고 고풍스럽기로 유명한 파리 오페라 하우스는 30대의 젊은 건축가이던 샤를 가르니에Jean Louis Charles Garnier가 담당했습니다. 그는 에콜 데 보자르École des Beaux-Arts 출신이었는데, 영어로 직역하자면 'School of Fine Art'로 '순수 예술 학교'라 번역할 수 있습니다. 나폴레옹 3세가 기존의 왕립 아카데미를 대체하기 위해 새로이 설립한 국립 교육 기관입니다. 루이 14세는 중세 시대 길드가 담당했던 기술 인력 양성 기능을 국가가 새롭게 장악하기 위해 궁전 내에 왕립 아카데미를 세웠다고 말한 바 있습니다. 하지만 프랑스 대혁명으로 베르사유 궁전은 습격을 당하고 왕립 아카데미도 해체되고 맙니다. 이제 새로운 교육 기관이 필요해졌는데 그것이 바로 나폴레옹 3세가 설립한 에콜 데 보자르입니다. 기존의 왕립 아카데미를 일부 흡수하여 세운 교육 기관의 졸업생인 가르니에가 왕실 규범에 충실한 오페라 하우스를 설계한 것은 당연한 일이었습니다. 당시의 이 양식을 '제국 양식' 혹은 '엠파이어 스타일'이라고 합니다.

나폴레옹 3세와 파리 지사인 오스만 남작은 파리를 재개발하며 승승장구하는 듯했지만, 그 권력은 오래가지 못했습니다. 1870년 신흥 강대국인 프로이센과 보불 전쟁을 벌이다가 패전하면서 나폴레옹 3세는 실각하게 됩니다. 아울러 오스만 남작도 재개발 과정에서 지나친 예산을 낭비했다는 이유로 실각했습니다.

나폴레옹 3세는 오스만을 파리 지사로 임명하여 대대적인 파리 재개발을 벌였습니다. 이후 전쟁과 재정 낭비로 둘 다 모두 실각하고 말았지만, 19세기 파리의 우아한 모습은 그대로 남아 지금도 많은 관광객이 찾아오는 장소가 되었습니다.

파놉티콘

파놉티콘Panopticon이란 영국의 철학자이자 법학자인 제러미 벤담이 고안해 낸 것으로, 소수의 사람이 다수를 쉽게 감시할 수 있도록 만든 물리적 장치입니다. 이것이 가장 극명하게 적용된 예로서 교도소가 있습니다. 중세 시대만 해도 감옥은 성채 지하에 있는 감옥이 대부분이었습니다. 그런데 지하에는 햇빛이 들지 않아 어두웠기 때문에 그곳에 갇힌 죄수가 무엇을 하는지 정확하기 파악하기가 어려웠습니다.

반대로 지상에 둥글고 높다란 탑 모양의 건축물을 지은 뒤 큰 창을 설치하고 주변에 죄수의 방을 빙 둘러놓으면 햇빛에 의해 죄수의 방이 환하게 보이므로 지금 죄수가 어디에서 무엇을 하는지 쉽게 파악이 됩니다. 그뿐만 아니라 중앙에 높은 감시탑을 두고 그 안에 한두 명의 간수를 배치하면 수십, 수백 명의 죄수를 쉽게 감시할 수 있습니다. 이러한 구조로 되어 있는 대표적인 예가 미국 일리노이에 있는 스테이트빌 교도소입니다. 특징적이고 인상적인 모습 때문에 영화의 배경으로도 자주 등장하고 있습니다.

한 사람의 간수가 수십 명의 죄수를 감시할 수 있는 시스템, 이것을 파놉티콘이라 하며 우리말로는 일망 감시법이라고도 합니다. 바로 이 원리가 큰 규모로 적용된 것이 파리의 개선문 광장입니다. 한가운데의 개선문이 중앙 감시탑 역할도 하기 때문에, 그곳에 올라가 사방을 둘러보면 파리 시내의 상황이 한눈에 보입니다. 어느 지역에서 시위나 폭동이 일어났을 때 쉽게 파악이 되며 곧고 넓은 길을 통해 대포를 끌고 나가 곧바로 진압할 수 있다는 장점도 있습니다.

아파르트망

아파트는 아파트먼트apartment의 줄임말이니 영미권에서 발달한 것으로 생각하기 쉽지만 실은 프랑스의 아파르트망appartment에서 유래합니다. 본래 프랑스 귀족의 주택을 '오텔Hôtel'이라 했는데, 이는 집이라는 뜻을 가지고 있습니다. 17~18세기 귀족의 오텔은 규모가 몹시 컸고 이곳에서 생활하는 식구 수도 많았습니다. 부부와 서너 명의 자녀로 이루어진 가족 외에 하인을 비롯하여 보모와 가정교사, 집사 등의 고용인이 있었고 또 손님도 많이 드나들었습니다. 그래서 오텔은 기능과 동선에 따라 몇 개의 구역으로 나뉘어 있었습니다. 우선 가장이 손님을 맞이하여 연회를 베풀고 환담하는 장소인 아파르트망 드 파라데appartment de parade, 과시적 공간가 있었는데, 식당-연회장-서재 등으로 이루어져 있었습니다. 한편 안주인이 친지를 초대하여 차를 마시며 환담하는 장소로 아파르트망 드 소시에테appartment de société, 사교적 공간가 있었는데, 살롱-규방-피아노실 등으로 이루어져 있었습니다. 그리고 가족이 옷을 갈아입고 잠을 자며 휴식을 취하는 공간으로 아파르트망 드 코모디테appartment de commodité, 편의적 공간가 있었는데, 침실-화장실-의상실 등으로 이루어져 있었습니다. 이처럼 비슷한 기능을 하는 공간을 묶어 둔 것을 아파트르망이라 하는데, 이는 마치 조선 시대 아흔아홉 칸 집이 안채, 사랑채, 별채, 행랑채 등으로 나뉜 것과 비슷하다고 하겠습니다.

그런데 프랑스 대혁명이 일어나 왕실과 귀족이 몰락해 버리자 넓고 화려한 오텔도 쓸모가 없어졌습니다. 대신 새로운 시민 계층이라 할 수 있는 부르주아지는 핵가족에 한두 명의 하인만을 두는 소가정이 대부분이었습니다. 오텔과 같은 넓은 집이 필요 없어진 이들은 귀족의 오텔을 개조하여 아파르트망별로 분할 임대하여 살기 시작했습니다. 19세기가 되면 증가하는 부르주아지의 수요에 맞추기 위해 임대 목적의 아파르트망을 신축하게 되는데, 이것이 바로 아파트의 시작이라 할 수 있습니다. 프랑스의 아파르트망은 한국의 대규모 고층 아파트와는 조금 다르게 생겼습니다. 대개 7층 높이에 1층에는 식당이나 카페, 상점이 있고 2~6층까지가 살림집이며 7층은 다락입니다. 우리의 시각으로 보면 상가 주택이나 빌라와도 비슷해 보이는데, 이것이 바로 프랑스식 아파르트망입니다.

02. 근대 독일의 성립과 민족주의 건축

1870년 프랑스는 신흥 강대국인 프로이센과 전쟁을 벌여 패하고 그 대가로 동부의 알자스와 로렌 지역을 프로이센에 양도하게 됩니다. 이곳은 본래 프랑스와 프로이센의 접경 지역으로, 알퐁스 도데의 단편 소설 「마지막 수업」의 배경이기도 합니다. 그동안 프랑스에 속해 있던 알자스 마을이 프로이센으로 넘어가기로 약속된 날 오전, 마지막 프랑스어 수업을 하는 내용입니다. 종이 위에 펜 긁는 소리가 날 정도로 집중하던 수업이 끝나고 열두 시가 되어 교회의 종이 울리자 멀리서 프로이센 군대의 군가가 들려옵니다. 내일부터는 프랑스어 수업이 아닌 독일어 수업이 시작됨을 알리는 소리이기도 합니다. 그렇다면 당시 최강 육군을 자랑하던 프랑스를 물리치고 알자스·로렌 지역을 차지한 프로이센은 어떤 나라였을까요?

신생 민족 국가 바이에른의 대형 박물관 건립

19세기 유럽의 강대국으로 영국, 프랑스, 독일을 거론하는데 사실 독일은 1870년까지 하나의 독립된 왕국으로 존재하지 않았습니다. 대신 작센, 하노버, 오스트리아, 바이에른, 보헤미아, 프로이센 등등 대략 300여 개의 군소 왕국과 공국왕이 아닌 대공이나 공작이 통치하는 나라들이 영방領邦 국가독일 연방을 구성하는 지방 국가를 이루고 있었습니다.

영방 국가들의 기원은 기원후 800년 무렵의 신성 로마 제국으로 거슬러 올라갑니다. 고대 로마 제국이 동로마 제국과 서로마 제국으로 나뉘었는데, 그중 동로마 제국은 지금의 튀르키예 지역에 자리 잡아 비잔틴 제국으로 불리었습니다. 그리고 서로마 제국이 있었는데 이때는 중세 시대여서 하나의 강력한 중앙 집권적 왕국이 되지 못하고 대신 수많은 군소 왕국들의 연합체로 존재했습니다. 서로마 제국은 대략 13세기 중반부터 신성 로마 제국으로 불리기 시작했는데 이 유서 깊은 제국은 1806년 나폴레옹 전쟁으로 인해 해체되고 이후 영방 국가로 존재하게 됩니다. 300여 개나 되는 군소 왕국 중에서 비교적 크고 부강했던 나라는 오스트리아, 프로이센, 바이에른 등이었습니다. 이 중 오스트리아가 음악, 미술 등 주로 예술에서 강세를 보였고 프로이센이 군사 강국이었다면 건축으로 유명한 곳은 바이에른이었습니다.

바이에른은 독일 남부에 위치한 부유한 농업국으로 수도는 뮌헨이었으며, 12세기 말부터 19세기 초까지 비텔스바흐 가문이 통치하고 있던 공국이었습니다. 그런데 신성 로마 제국의 해체 후 독일 연방 안에서 프로이센이 군사 강국으로 점차 성장하고 있었습니다. 복잡한 상황 속에서 비텔스바흐 가문은 바이에른을 지키기 위해 필사적인 노력을 합니다. 그러기 위해 19세기에 새로 등장한 개념인 민족주의에 호소해야 했습니다. 민족주의에 기반한 애국심을 이끌어 내기 위한 방법 중 하나가 자국의 유구한 역사를 보여 주는 박물관의 건립과 과거의 위인들을 다시 불러내어 이들을 위한 기념관을 짓는 일입니다. 특히 공국이었다가 1806년에 처음으로 왕국이 된 바이에른으로서는 이 일이 급선무였습니다.

바이에른의 초대 국왕 막시밀리안 1세1806~1825년 재위는 자신의 소장품이던 그리스, 로마의 미술품들을 보관하고 전시하기 위해 1816년 국립 박물관인 글립토테크Glyptothek를 짓기 시작합니다. 상당히 큰 공사여서 아들인 루트비히 1세1825~1848년 재위 시절인 1830년

바이에른 박물관. 본래는 바이에른 왕국 시절에 글립토테크 박물관이었지만 현재는 바이에른 박물관으로 이름이 바뀌었다.

에 완공됩니다. 건축가 레오 폰 클렌체Leo von Klenze의 설계로, 출입구가 있는 정면 파사드는 그리스 신전의 형태를 한 '그릭 리바이벌greek revival' 형식이며 전반적으로 신고전주의 양식에 해당합니다. 전시물은 시대순으로 배열했는데 이는 19세기 민족주의의 산물입니다.

박물관이나 미술관에서 유물과 미술품을 전시하는 방식에는 크게 두 가지가 있습니다. 하나는 시대순으로 전시하는 것이고 또 하나는 항목별로 전시하는 것입니다. 우리나라의 예를 들어 봅시다. 선사 시대부터 시작하여 고조선–삼국 시대–고려 시대–조선 시대–민족 수난기–대한민국 등으로 보여 주는 것이 있는가 하면, 불교 탱화, 서화, 도자기, 나전 칠기, 전통 복식 등 항목별로 모아 놓고 보여 주는 방식도 있습니다. 본래 궁전이었다가 이제 미술관이 된 루브르 미술관, 베르사유 미술관이 항목별로 보여 주는 방식을 하고 있어서, 회화는 회화끼리 조각은 조각끼리 모여 있습니다. 과거 왕실에서 수집하고 소장했던 예술품을 일반에게 공개했기 때문입니다. 그리고 이렇게 되기까지 프랑스 대혁명이 있었습니다. 과거 왕실만이 누릴 수 있던 고급 예술을 일반인도 향유하게 되기까지 매우 강력한 '아래로부터의 혁명'이 있었습니다.

하지만 바이에른을 포함한 프로이센, 오스트리아 등 독일 영방 국가들은 아래로부터의 혁명이 아닌, 왕실이 스스로 자체 개혁을 하는 '위로부터의 혁명'을 경험했습니다. 19세기 초반 나폴레옹 전쟁으로 신성 로마 제국이 해체되고 난 뒤 뒤늦게 근대 국가의 면모를 갖춘 바이에른으로서는 당시의 새로운 이념이던 민족주의를 강조해야 했습니다. 독일 민족이 옛날부터 지금까지 어떤 역사적 과정을 거쳐 현재에 이르렀는지를 밝히는 자국의 역사, 곧 국사는 19

세기 민족주의의 산물입니다.

19세기 민족 국가의 국사를 담기 위한 새로운 그릇으로서 박물관인 글립토테크를 초대 국왕 막시밀리안 1세가 계획한 것은 당연한 일이었습니다. 위로부터의 혁명을 실시한 바이에른으로서는 마치 국사책을 입체적으로 펼쳐 놓은 듯한 형식의 박물관이 필요했습니다. 글립토테크 박물관의 전시물이 주장하고 있는 것은 문명은 고대 이집트에서 발아하여 고대 그리스에서 만개했고 고대 로마 시대에 그 문명이 확산하여 현재에 이르렀다는 내용입니다. 즉 바이에른 문명의 기원을 고대 이집트까지 소급해 올라간 것인데, 직접적 연관이 없는 고대 이집트까지 끌어들인 이유는 자국의 역사가 매우 길고 유구하다는 점을 강조하려는 의도 때문입니다. 최대한 옛날로 소급 적용하는 건축 양식과 문명의 기원, 이들은 19세기에 새롭게 등장한 민족주의 국가에서 흔히 볼 수 있는 현상입니다.

국사를 담기 위해 국립 박물관을 지었으니 이제 그 국사를 만들었던 위인들의 자리를 마련해야 했습니다. 2대 국왕이었던 루트비히 1세는 발할라 데어 도이첸Valhalla der Deutschen을 건립합니다. '독일 왕국의 발할라'라고 번역할 수 있는데, 이때 발할라는 게르만 고대 신화에 나오는 궁전으로, 전쟁터에서 사망한 전사들이 가는 곳입니다. 게르만 신화에는 전사들의 이야기가 많이 나오는데 전사들이 전쟁터에서 죽으면 전쟁터의 요정 발키리Valkyrie들이 그 영혼을 하늘에 있는 발할라 궁전으로 데려간다고 되어 있습니다. 그곳에서 전사들은 부상당했던 모든 상처가 깨끗이 아물고 매일 저녁마다 발키리들이 주관하는 연회에 참석해 마음껏 먹고 마신다고 전해집니다. 발할라 데어 도이첸은 그런 신화 속의 궁전을 본떠 지상에 지은 것으로, 바이에른의 역대 위인들을 모신 기념관입니다.

불운의 황제 루트비히가 지은 백조의 성

건물을 짓기로 계획을 시작한 것은 1814년으로, 이 해는 바이에른이 나폴레옹의 지배에서 해방된 해이기도 합니다. 1830년에 공사가 시작되어 1842년에 완공되었습니다. 건축가 레오 폰 클렌체의 설계로 도나우강 연안 높은 언덕 위에 파르테논 신전을 연상시키는 형태로 지어졌습니다.

발할라 내부에 있는 해방의 전당Befreiungshalle은 나폴레옹 전쟁 당시에 전사했던 무명용사들을 기억하기 위한 공간입니다. 무명용

발할라 데어 도이첸과 그 내부의 모습. 발할라는 고대 게르만 신화 속에 나오는 궁전의 이름으로 전쟁 용사들이 사망하면 가는 곳이다. 도나우강 연안 언덕 위에 파르테논 신전을 연상시키는 형태로 지어졌다.

사의 죽음은 애국심을 가장 명확하게 상징합니다. 나폴레옹 전쟁에서 승리한 프랑스가 이들을 기리기 위해 개선문 1층에 영원히 꺼지지 않는 불을 설치했다면 패배한 바이에른에서는 신화 속의 발할라 궁전을 재현해 해방의 전당을 마련했습니다. 한편 명예의 전당Ruhmeshalle에는 2000년 동안 이어진 독일 역사 중에서 가장 유명했던 위인 200명의 흉상과 명판이 있습니다. 아울러 발할라 내부에는 게르만족의 기원과 역사, 로마 시대 게르만족의 대이동 및 나폴레옹 전쟁에 대한 내용들이 미술 작품으로 장식되어 있습니다.

국립 박물관이라 할 수 있는 글립토테크, 국립 현충원이라 할 수 있는 발할라 데어 도이첸은 19세기 신생 민족 국가인 바이에른에서 가장 먼저 지어야 할 두 가지 중요한 건물이었습니다. 무엇보다 당시 복잡한 정치 상황 속에서 바이에른 왕국이 고유의 정체성을 지키기 위한 노력의 산물이기도 했습니다. 이렇듯 바이에른은 건축 사업에 주력했는데 4대 국왕인 루트비히 2세1864~1886년 재위에 이르러서는 그것이 지나쳐 독이 됩니다.

루트비히 2세는 젊은 시절 바그너의 오페라를 관람하고 거기에 매료됩니다. 바그너를 바이에른으로 불러들여 왕궁 근처에 살게 하고는 작곡을 하는 데 아무런 불편이 없도록 지원을 아끼지 않았습니다. 나아가 바그너의 오페라에서 영감을 받아 자신이 살 성을 지었으니 그것이 바로 노이슈반슈타인 성입니다. 수도인 뮌헨이 아니라 퓌센 근처의 슈반가우 숲속에 지어진 성이어서, 왕의 집무실이라기보다 개인 별장에 가까웠습니다. 건축물은 중세의 성채를 보는 듯한 고풍스러운 형태로 지어져서 겉으로 보기에는 예쁘고 낭만적으로 보이지만 근대 국가에서 중세의 성채를 지었다는 점에서 시대착오적인 건물에 해당합니다.

중세 시대의 성Castle은 일종의 요새에 가깝습니다. 중세에는 중앙 권력이 명확히 확립되지 않아서 각 성의 영주들은 이웃 나라와 크고 작은 영토 분쟁을 벌였습니다. 중세를 배경으로 한 전설이나 동화 속에 기사들이 자주 등장하는 것도 이 때문입니다. 기사는 영주에게 고용된 직업 군인이라 할 수 있는데 전쟁이 잦은 당시 승리하려면 많은 기사를 고용하는 것이 중요했습니다.

한편 영주의 성은 적들이 쉽게 쳐들어올 수 없도록 깊은 산 속에 위치했고 주변에 해자와 연못을 파고 도개교를 설치했습니다. 성은 석재를 잘라 만들었고 혹시라도 적이 쳐들어오는지를 살필 수 있는 망루와 감시탑을 곳곳에 설치했습니다. 또한 숨어서 화살

바이에른의 루트비히 2세가 지은 노이슈반슈타인 성. 중세의 성을 연상시키는 아름다운 모습으로 지어졌지만 매우 시대착오적인 건물이다.

을 쏘기 쉽도록 세로로 길쭉한 창을 내고 성벽 위 담은 톱니바퀴와 같은 요철 모양으로 만들었습니다. 깊은 산 속에 연못이나 해자를 두르고 홀로 서 있는 성, 군데군데 높고 뾰족한 망루가 있고 톱니바퀴 같은 요철 모양의 성곽, 이 모든 이미지를 조합하면 낭만적이고 고풍스러운 중세의 성이 됩니다.

이처럼 방어적 성채에 가까웠던 중세의 성은 절대 왕정이 확립되는 17~18세기에 이르러서는 더 이상 지어지지 않게 됩니다. 절대 왕정의 특징은 중세의 지방 영주가 모두 중앙 귀족화되면서 지방에서 더 이상 소소한 영토 분쟁을 할 필요가 없어졌다는 점입니다. 따라서 지방의 성채는 사라지고 대신 수도에 웅장한 궁전이 지어집니다. 궁전은 산속이나 호숫가에 위치하는 대신 넓은 평지에 자리 잡으며 방어적인 요새의 성격 대신 과시적인 형태로 지어집니다. 대표적인 예가 루브르 궁전, 베르사유 궁전으로서 방어용 해자나 호수는 존재하지 않고 대신 좌우 대칭의 안정적인 형태로 이루어져 있습니다.

하지만 바이에른의 루트비히 2세는 근대에 해당하는 19세기에 중세의 성을 지방의 아름다운 숲속에 지어 놓고 그곳에서 홀로 바그너의 음악에 심취했습니다. 앞서 선왕들이 지었던 글립토테크국립 박물관, 발할라국립 현충원에 비하면 아무런 명분도 없는 개인 별장에 불과했습니다. 바그너의 오페라 〈로엔그린〉에 나오는 백조의 전설에서 영감을 받아 지어진 이 성은 이름마저 '노이슈반슈타인 성Das Schloss Neuschwanstein, 새로운 백조의 성'이었습니다. 빼어난 아름다움 때문에 20세기 미국에서 디즈니랜드를 만들 때 이 성을 모방하여 입구에 지은 것이 바로 '잠자는 숲속의 공주의 성'입니다. 이외에도 루트비히는 동화같이 예쁜 성을 두 개 더 지었습니다. 슈반가우 숲속에 있는 호엔슈반가우 성Schloss Hohenschwangau, 바이에른 남부의 작은 마을에 지은 린더호프 성Schloss Linderhof입니다.

자신을 위해 지나치게 화려한 성을 짓는 지도자의 끝은 대개 좋지 않습니다. 성을 세 채나 짓는 통에 많은 국고를 소진했던 루트비히 2세는 결국 심신 미약 등으로 법적 권리를 모두 잃은 '금치산자'로 지정되어 왕위에서 물러나게 됩니다.

고대 그리스 건축을 새롭게 해석한 프로이센 고전주의

프로이센의 기원은 15세기 중엽 호엔촐레른 가문의 프리드리히 2세가 지금의 베를린에 작은 나라를 세운 것에서 시작합니다. 본래 브란덴부르크 영지를 다스리는 공국이었다가 1701년 프로이센 왕국이 됩니다. 그리고 당시 강국이었던 오스트리아와 전쟁을 벌여 슐레지엔 지역을 확보하고 프랑스와 전쟁을 벌여 알자스와 로렌 지역을 차지하는 등 주로 전쟁을 통해 영역을 확장해 갔습니다. 특히 알자스와 로렌 지역은 철광석이 풍부해서 이 지역을 확보한 후 공업국으로 크게 성장해 갑니다.

현대 사회를 결정지은 두 가지 정치 · 경제 혁명은 프랑스 대혁명과 영국의 산업 혁명이라 할 수 있는데, 이는 시민들이 자발적으로 일으킨 아래로부터의 혁명이었습니다. 하지만 독일 특히 프로이센은 이와는 조금 다른 경로를 겪었습니다. 1871년 가장 강성했던 프로이센을 주축으로 통일이 일어나는데, 이는 위로부터 일어난 정치 혁명입니다. 이때 독일이 내세운 이념은 '민족주의'였습니다. 신성 로마 제국의 영방 국가들은 본래 독일어를 쓰는 하나의 민족이었으므로 통일로 부강해져야 한다는 논리였습니다. 그리하여 1871년 통일된 독일 제국이 탄생하고 프로이센의 국왕이었던 빌헬름 1세프로이센 재위 1861~1888년, 독일 재위 1871~1888년가 초대 독일 황제가 됩니다. 이 시기의 재상이 바로 비스마르크였습니다.

아울러 프랑스로부터 공업 지역을 획득한 후 1880년경부터 산업이 크게 발달하는데, 이처럼 산업 혁명도 위로부터의 이루어졌습니다. 독일은 19세기 중후반이 되어서야 뒤늦게 정치 · 경제 혁명을 이룬 후발 국가였고, 이에 영국과 프랑스에 뒤지지 않도록 국가 이데올로기 확립에 힘써야 했습니다. 19세기의 신흥 이데올로기는 '민족'이었고 이에 걸맞는 각종 독일의 전통들이 발굴되고 때로 재창조되었습니다. 우리에게 『그림 형제 동화집』으로 널리 알려진 동화는 바로 이 시기 중세 독일의 민담을 그림 형제가 채록하여 엮은 것입니다. 또한 새로운 국가에 필요한 새로운 시설을 짓는 데 있어 고대 그리스 양식을 재해석한 고전주의가 크게 유행했습니다. 이를 '프로이센 고전주의'라 하는데 19세기 통일 독일이 새삼스럽게 고대 그리스의 건축 양식을 소환한 데는 대략 두 가지 이유가 있습니다.

첫째, 도시 국가인 폴리스의 연합이었던 고대 그리스와 독일 제국은 정치적 모델이 서로 비슷했습니다. 각 영방의 정체성을 인정하면서 통일까지 생각해야 했던 독일로서는 그리스 모델이 제격이었습니다. 그뿐만 아니라 고대 그리스는 민주주의의 산실로 알려져 있는데, 신흥 제국 독일도 민주주의를 표방한 입헌 군주제 국가였습니다. 프로이센을 주축으로 한창 독일 통일을 준비하던 1860년대는 1789년 프랑스 대혁명이 일어나고서 70여 년이 흐른 뒤였습니다. 강력한 전제 왕권을 내세우던 프랑스 국왕이 결국 광장에서 처형되던 것을 본 후 유럽 왕실은 하나둘 입헌 군주제로 돌아섭니다. 후발 제국 독일도 입헌 군주제에 기반한 민주주의를 내세웠기에 그리스 모델이 제격이었습니다.

둘째로 유럽은 크게 라틴 문화권과 게르만 문화권으로 나뉩니다. 라틴 문화권의 국가로는 고대 로마 제국의 직접적 영향권 아래 있었던 이탈리아, 프랑스, 스페인 등으로, 종교적으로는 대개 가톨릭입니다. 게르만 문화권은 고대 로마의 영향력이 크지 않았던 독일, 영국과 스칸디나비아 등의 북유럽 국가들을 말하는데 종교적으로는 신교인 프로테스탄트가 많습니다. 이처럼 유럽 문화는 게르만과 라틴으로 나뉘어 서로 경쟁했습니다. 게르만 문화권의 독일은 라틴 문화인 고대 로마보다 뿌리가 더 오래된 그리스 문명에서 자신의 기원을 찾았습니다.

독일의 정신을 담는 국가 건축물

본래 역사가 짧은 신흥 국가일수록 자국의 역사적 기원을 되도록 멀리까지 소급해 올라가는 경향이 있습니다. 유럽 문화의 요람이라 할 수 있는 고대 그리스는 이래저래 신흥 제국 독일의 롤 모델로 제격이었습니다. 그래서 프로이센 고전주의 혹은 신고전주의라 불리는 그리스 고전 양식의 건물들이 19세기 후반 베를린에 들어섰는데, 주도적 건축가는 카를 프리드리히 싱켈1781~1841년이었습니다. 베를린 건축 학교를 졸업한 프로이센의 궁정 건축가로서, 이 시기 핵심적인 시설은 대개 그가 맡았습니다. 물론 싱켈이 활동했던 1820~1830년대는 아직 독일이 통일되지 않았고 대신 프로이센이 한창 강성해지던 시기로, 바로 이런 시기에 중요한 국가 건축물이 지어지곤 합니다.

우선 독일의 역사를 담기 위한 그릇으로서 국립 박물관1823~1830년을 건립했습니다. 싱켈의 설계로 지어졌는데 한눈에 보기에도 고대 그리스 신전과 유사하게 18개의 이오니아식 기둥이 늘어서 있습니다. 그리스 신전이 2000년의 세월을 뛰어넘어 19세기 베를린에 다시 지어진 느낌을 받습니다. 그 후 새로운 박물관이 더 지어지면서 현재는 '구 박물관'이라 불리고 있습니다.

두 번째로 훔볼트 대학이 있습니다. 훔볼트 대학은 프로이센의 철학자 요한 고틀리프 피히테1762~1814년의 건의로 세워진 것입니다. 그는 저서 『독일 국민에게 고함』에서 경쟁국 프랑스가 부강해진 이유를 집단화된 민족정신, 강력한 절대 왕권, 통일 국가 등으로 보고 독일 정신의 함양을 강조했습니다. 바로 그 독일 정신을 함양하기 위한 도구로서 훔볼트 대학을 설립하게 됩니다. 1810년 독일 베를린에 설립된 국립 대학으로 언어학자이자 교수인 빌헬름 폰 훔볼트의 이름을 붙였습니다. 호엔촐레른 가문의 소유이던 하인리히 왕자의 궁전 자리에 국민 모두를 위한 대학을 지었는데, 이는

호엔촐레른 가문 소유인 왕자의 궁전이 있던 자리에 지어진 훔볼트 대학. 프리드리히 싱켈의 작품으로 고전주의적 경향이 강하다.

국민을 아들처럼 사랑한다는 국왕 빌헬름 3세의 정치적 의사 표현이기도 했을 것입니다. 대학의 본관 건물 정면은 고대 그리스 신전의 모습과 비슷한데, 이 또한 프리드리히 싱켈이 설계를 맡았습니다.

그리고 세 번째로 요즘의 국회 의사당에 해당하는 제국 의회 의사당1884~1894년을 지었습니다. 이는 프로이센이 독일을 통일하여 독일 제국을 수립1871년하고 난 뒤 10여 년의 시간이 지난 1884년에 짓기 시작한 것입니다. 설계 공모전을 실시하여 건축가 발로트Paul Wallot의 안이 채택되고 1894년에 완공된 네오르네상스 양식의 육중한 석조 건물입니다. 독일 제국이 전제 군주국이 아닌 입헌 군주제 국가임을 대내외적으로 드러낸 것이라 할 수 있습니다.

요약하자면, 19세기 독일 연방은 통일로 가는 전환기에 있었습니다. 300여 개의 군소 국가 중 부강했던 나라는 바이에른, 오스트리아, 프로이센 등이었는데, 그중 바이에른은 박물관과 발할라를 짓는 것으로 역사를 재창조했습니다. 이 둘은 국가 상징 시설이라는 명분이 있었지만 후대 왕인 루트비히 2세가 지은 세 개의 궁전은 호화롭기만 할 뿐, 왕 하나만을 위한 별장에 불과했습니다.

한편 프로이센은 19세기 초 국립 대학인 훔볼트 대학과 국립 박물관을 지었습니다. '민족'이라는 이데올로기가 절실히 필요했던 신흥 왕국에서 대학과 박물관은 가장 먼저 지어야 할 핵심 시설 중 하나였습니다. 그리고 보불 전쟁프랑스와 프로이센 간의 전쟁에서 승리하여 알자스 · 로렌 지역을 차지함으로써 신흥 강국으로 성장하게 되고, 1871년 통일된 독일 제국이 탄생합니다. 위로부터의 혁명을 통해 입헌 군주국을 표방했으므로 제국 의회 의사당이라는 상징적 건물이 필요했습니다. 제국 의회 의사당은 아쉽게도 혼란스럽던 히틀러 시기에 화재에 휩싸여 파손되었는데, 1990년 보수를 해서 독일 연방 의회 의사당으로 사용되고 있습니다. 한편 독일 연방의 영방 국가 중에서 독일 제국에 편입되지 않은 왕국이 있었으니 바로 오스트리아였습니다.

라틴 문화권과 게르만 문화권

유럽은 크게 라틴 문화권과 게르만 문화권으로 나뉩니다. 라틴 문화권 나라는 주로 남부 유럽의 이탈리아, 프랑스, 스페인 등으로 고대 로마 제국의 영향을 강하게 받았던 곳입니다. 한편 게르만 문화권 나라들은 독일, 영국 및 주로 북유럽 국가들이어서 고대 로마 제국의 영향을 상대적으로 덜 받았던 곳입니다. 고대 로마 제국 사람들은 스스로를 문명인이라 생각하면서 북유럽의 게르만 문화권 사람들을 경시하며 야만인이라는 뜻의 '바바리안'으로 부르기도 했습니다.

종교적으로 라틴 문화권 국가들은 독실한 가톨릭이 많은 반면, 게르만 문화권 국가들은 16~17세기 무렵부터 독일의 루터, 스위스의 츠빙글리, 체코의 얀 후스 등이 종교 개혁을 일으켜 지금도 개신교가 많습니다. 영국 역시 헨리 8세가 16세기에 영국 국교회를 창설했는데, 이는 전통 가톨릭과는 차이가 있습니다. 다만 아일랜드는 아직도 가톨릭이 우세합니다. 건축적으로 살펴보면 라틴 문화권 나라들은 돌로 집을 짓는 경우가 많아 석재 문화권이고, 게르만 문화권은 목조 주택을 많이 짓는 목재 문화권입니다. 도시 계획적인 면에서도 라틴 문화권은 주상 복합, 기능 혼합인 반면, 게르만 문화권에서는 주상 분리, 명확한 기능 분리인 경우가 많습니다.

이러한 구분은 유럽뿐 아니라 남북 아메리카에도 적용됩니다. 북아메리카의 미국은 영어권 국가이면서 주류 사회를 형성하는 계층이 백인 앵글로 색슨족 개신교도인 'WASPwhite anglo-saxon protestant'입니다. 여기서도 알 수 있듯이 미국은 게르만 문화권의 국가입니다. 한편 남아메리카의 국가들은 스페인의 식민 지배를 오래 받았기 때문에 지금도 스페인어를 쓰며 가톨릭 신자가 많은 라틴 문화권입니다. 남아메리카를 흔히 '라틴 아메리카'라고도 하는데, 본래 라틴은 남쪽이라는 뜻을 가지고 있습니다. 즉 남아메리카와 라틴 아메리카는 동의어이기도 하고, 한편으로 '라틴 문명권의 아메리카'라는 뜻도 성립이 됩니다.

그렇다면 우리나라의 도시 계획은 라틴 문화에 가까울까요, 게르만 문화에 가까울까요? 일제 강점기 일본은 법제, 학문, 도시 계획 등에서 프로이센의 영향을 많이 받았고 이것이 우리나라에도 그대로 전해졌습니다. 그리고 해방 후에는 미국의 영향이 몹시 컸기 때문에 도시 계획도 주로 미국과 유사하게 진행되었습니다. 따라서 우리나라는 독일과 미국 등 게르만 문화권의 영향을 많이 받았다고 볼 수 있습니다.

03. 격변의 시기 오스트리아의 대응

1848년은 유럽 각국에서 연쇄적인 혁명이 일어난 해로 흔히 '민중의 봄'이라 불립니다. 우선 프랑스에서는 2월 혁명이 일어났고, 프로이센에서는 3월 혁명이 일어났는데 당시 재상이던 비스마르크는 재빨리 혁명을 진압한 뒤 위로부터의 개혁에 착수하면서 근대 국가에 필요한 시설을 만들었고, 결과적으로 독일 통일의 주역이 되었습니다. 그런데 독일 연방에 속해 있던 영방 국가 중 오스트리아는 독자적인 국가로 남았습니다. 그렇다면 프로이센의 가장 강력한 경쟁국이자 본디 합스부르크 제국이라 불리던 오스트리아는 1848년 혁명으로 인해 어떤 모습으로 바뀌었을까요?

성벽을 허물고
새로운 공간을 창조하다

1273년 합스부르크 가문의 루돌프가 신성 로마 제국의 황제가 되면서 합스부르크가는 크게 성장합니다. 그리고 1521년 빈은 합스부르크 제국의 수도가 되어 도시 성곽을 쌓고 고딕 양식의 슈테판·대성당, 바로크 양식의 호프부르크 궁전을 지었습니다. 그런데 오스만 투르크족이 비잔틴 제국을 함락1453년시키고 난 뒤 서쪽으로 계속 세력을 확장하면서 1529년과 1683년에는 빈까지 공략해 왔습니다. 이에 빈은 방어를 위해 성곽을 더 보강하여 쌓았습니다. 이처럼 유럽에서 성곽은 도시의 방어를 위한 시설이었는데, 이러한 성곽이 19세기까지 남아 있곤 했습니다. 성벽이 방어의 기능 외에 도시의 경계를 한정하는 경계선의 역할도 했기 때문입니다. 중세 시대 도시의 경계가 어디까지인가 하는 것은 매우 첨예한 문제였는데, 이는 자유 도시와 관세 장벽의 두 가지 측면에서 모두 그랬습니다.

"도시의 공기가 나를 자유롭게 한다"는 말이 있습니다. 여기서 '도시'는 중세의 '자유 도시'를 말합니다. 중세의 토지는 영주나 기사 혹은 교회의 소유인 '예속령'이 대부분이었습니다. 이런 곳에 살면 땅 주인인 영주나 기사에게 지대를 납부하는 것 외에 달걀, 우유, 치즈, 버터 등을 만들어 바치고 또 온갖 잡일도 도맡아 해야 했습니다. 하지만 자유 도시가 되고 나면 더 이상 영주에게 지대나 특산물, 노동력을 바칠 필요가 없어집니다. 거두어들인 세금은 자

빈이 합스부르크 제국의 수도가 된 후 세워진 고딕 양식의 슈테판 대성당.

치 도시를 위해 쓰이며, 세금을 어디에 쓸지 등 모든 중요한 결정은 시민들이 시청에 함께 모여 민주적인 방법으로 합의를 이끌어 냈습니다.

이처럼 영주로부터 독립해 자치권을 인정받은 자유 도시가 되는 것이 중요했는데, 자유 도시의 시민이 된다는 것은 신분 자체가 영주의 속박에서 벗어나 말 그대로 '자유 시민'이 된다는 의미였습니다. 그가 사는 도시가 자치권을 획득하거나 혹은 타 지역의 사람이라도 자유 도시에 들어와 일정 기간을 지내면 그 도시의 시민임을 증명하는 시민권을 받을 수 있었습니다. 따라서 당시 사람에게 거주하는 곳이 도시인가 아닌가가 매우 중요했는데, 이때 도시의 경계를 구분 짓는 것이 바로 성벽이었습니다.

한편 유럽에서는 도시마다 관세 장벽이 있었습니다. 지금의 관세는 국가를 경계로 하고 있지만 중세에는 도시에 물건을 팔러 들어갈 때마다 관세를 물어야 했습니다. 이처럼 유럽에 있어서 도시의 성곽은 침략에 대한 방어의 목적 외에 정치, 경제적으로 중요한 경계선이었습니다.

그러다가 17~18세기 절대 왕정이 시작되면서 왕이 국민을 직접적으로 통제하기 시작하자 자유 도시도 점차 의미를 상실하게 됩니다. 자유 도시의 반대 개념이 '영주 예속령'이라 할 수 있는데, 바로 중세식 분산 권력의 상징인 영주와 기사가 사라졌기 때문입니다. 자유 도시이든 예속령이든 모두 전제 군주의 직접적인 지배를 받게 되었습니다. 또한 19세기가 되면 대포가 널리 사용되면서 성벽은 제구실을 못 하게 됩니다.

1805년과 1809년 전쟁이 일어나 나폴레옹이 빈을 점령했을 때가 그러했는데, 1809년 당시 호프부르크 궁전의 앞쪽 성곽이 대포에 의해 파괴되었습니다. 이후 1816년에는 무너진 성곽을 다시 쌓는 대신 땅 고르기 작업을 하여 이듬해인 1817년 과거 성벽 자리가 있던 곳을 시민을 위한 산책로로 일부 개방합니다. 또한 1818년에는 성문을 철거하고 이듬해 성문이 있던 자리를 열린 광장으로 만들었습니다. 아울러 1823년에는 광장 앞 궁전 공원과 민중 공원을 개장하는 등 옛 성벽을 허물어 공원과 광장, 산책로 등을 조성했습니다. 하지만 이는 궁전의 성벽만을 허물어 시민을 위한 공간을 만든 것에 불과했습니다. 무엇보다 빈의 인구가 증가하여 성벽 외곽에도 많은 인구가 살게 되면서 도시의 성벽이 점차 거추장스럽게 되었습니다. 그러자 아예 도시를 둘러싼 성벽을 모두 허물어 새로운 공간을 만들자는 논의가 조금씩 나왔습니다.

요제프 황제의 즉위와 링슈트라세 프로젝트

19세기 초반 나폴레옹 전쟁을 겪으면서 유럽 각국에서는 조금씩 근대적인 사상이 자리 잡습니다. 시민들이 혁명을 일으켜 왕과 왕비를 처형하고 난 뒤 투표에 의해 지도자를 선출할 수도 있다는 생각이 유럽 각국에 번진 것입니다. 1848년 유럽에서 '민중의 봄'이라 불리는 연쇄적인 혁명이 일어난 것도, 나폴레옹 전쟁으로 퍼뜨려진 프랑스 대혁명 사상의 씨앗이 어느 정도 열매를 맺은 것이라 하겠습니다.

우선 프랑스에서는 복귀했던 부르봉 왕조의 루이 필리프 왕이 퇴위하고 다시 공화정이 됩니다. 독일에서도 3월 혁명이 일어나 군주가 입헌 군주제와 민주주의를 도입하겠다고 민중 앞에서 구두로 약속합니다. 그런데 오스트리아에서는 페르디난트 황제재위 1835~1848년와 메테르니히 수상이 여전히 구체제를 고집하고 있었습니다. 이에 오스트리아 학생과 시민들은 그들의 요구안을 담은 '3월 요구안'을 제출합니다. 주요 내용은 국가 재정 공개, 재판 과정 공개, 배심원제 도입, 참정권과 시민권의 보장 등이었습니다. 지금의 시각으로 보면 지극히 당연한 요구인데도 이 혁명은 실패로 돌아가고 이와 함께 수상 메테르니히가 해임되고 페르디난트 황제도 퇴위합니다. 그리고 그해 겨울 프란츠 요제프 1세오스트리아 재위 1848~1867년, 오스트리아-헝가리 제국 재위 1867~1916년가 새 황제로 즉위합니다.

유럽 전역을 휩쓸었던 시민 혁명을 직접 보고 즉위한 18세의 젊은 황제는 이후 대대적인 개혁을 실시합니다. 시대적으로 더 이상 절대 군주제가 유지될 수가 없다는 현실을 깨닫고는 입헌 군주제를 채택하고 3월 요구안 중 일부를 수용합니다. 특히 황제는 도시 개혁 프로그램인 '빈의 도시 계획법'을 수립했는데, 그중에는 빈의 성벽을 허물어 시 구역을 확장하는 것도 포함되어 있었습니다. 그리하여 1857년 11월, 빈 성벽은 완전히 철거되고 이제 그 빈자리를 어떻게 활용할지 하는 문제가 불거집니다.

성벽이라고 하니까 높은 담벼락을 연상하는데, 도시 방어 시설인 성벽은 높기도 할뿐더러 두꺼웠습니다. 성벽을 높고 얇게 쌓으면 금방 무너지기 때문입니다. 그리고 적이 성벽을 기어오를 때 성벽 위에서 활을 쏘거나 돌을 던져 방어하려면 폭도 넓어야 했습니다. 또한 성 안에서 성벽으로 올라가기 위한 경사로도 있기 때문에 그 모두를 철거하고 나면 매우 넓은 공간이 나옵니다. 그래서 그해 12월, 기존의 성벽 자리를 활용하기 위한 방안으로 '링슈트라세 프로젝트'를 공식 발의하기에 이릅니다. 링슈트라세를 영어로 직역하면 링 스트리트Ring Street가 되는데 성벽을 헐어낸 자리를 위에서 보면 마치 원형의 링같이 둥그렇기 때문입니다. 우리말로는 환상 도로라 부르기도 합니다.

한편 이때 군대에서는 성벽 철거를 반대하는 목소리를 내고 있었습니다. 성벽이란 본래 수도 방어의 목적을 가진 군사 시설이니 군대의 주둔을 위해서라도 함부로 철거하면 안 된다는 의견이었습니다. 하지만 유럽을 휩쓴 1848년의 혁명을 직접 보고 황제의 자리에 오른 요제프 황제는 이를 거꾸로 이용했습니다. 성벽을 헐고 그 자리에 넓은 도심 환상 도로를 낸 뒤 도시에서 시위가 일어났을 때 언제라도 군대를 파견해 즉시 진압한다는 계획이었습니다. 시위를 진압하기 위해 파리에서는 개선문을 중심으로 하는 방사선형 도로를 내었다면 빈에서는 거대한 도심 환상 도로를 구축했습니다. 그리고 환상 도로 주변에 두 개의 병영프란츠 요제프 병영, 로사우어 병영 및 무기를 만드는 조병창을 설치한 뒤, 링슈트라세 안쪽과 바깥쪽에는 근대 국가에 필요한 새로운 건물을 설치했습니다.

대략적으로 살펴보면 안쪽에는 황제의 궁전인 호프부르크 궁과 성당, 귀족의 주택이 있었고, 바깥쪽에는 의회 의사당, 시청사,

대학, 부르크 극장 및 신흥 부르주아지를 위한 아파트 건물이 있었습니다. 물론 이때의 아파트는 프랑스식 7층 아파트였습니다. 안쪽에는 궁전과 성당이 있고 바깥쪽에는 의사당과 시청사가 있는 도시의 구조는 프란츠 요제프 황제의 양면적 성격을 상징한다고 볼 수 있습니다.

요제프 황제는 신절대주의를 확립한 전제 군주이자 입헌 군주제를 도입한 개혁 군주라는 이중적 성격이 있습니다. 이를 반영하듯 링슈트라세 안쪽에는 신절대주의를 상징하는 건물왕궁, 성당이, 바깥쪽에는 입헌 군주제를 상징하는 건물의사당, 시청사이 있는 것입니다. 당시 빈을 대대적으로 재개발하면서 새로 지었던 건물들은 크게 황제 포럼, 군사 포럼, 시민 포럼이라는 세 가지 범주로 나뉩니다.

황제 포럼은 고대 로마 제국의 황제 포럼에 영향을 받아 지어졌습니다. 왕조의 정통성을 고대 로마로까지 소급해 올라갔기 때문입니다. 우선 호프부르크 신궁전1869~1923년이 있는데, 일찍이 프랑스 절대 왕정 시기의 국가 건축 양식이던 바로크 양식을 현대적으로 재해석한 네오바로크 양식으로 지어졌습니다. 그리고 자연사 박물관1871~1889년, 예술사 박물관1871~1891년이 있는데, 둘 다 바로크-르네

위 | 호프부르크 신궁전. 프랑스 절대 왕정 시기의 양식이던 바로크 양식을 재해석한 네오바로크 양식으로 지어졌다. 요제프 황제의 전제 군주적인 면모가 엿보이는 건물이다.
아래 | 박물관 지구 내에 있는 예술사 박물관. 자연사 박물관도 같은 모습으로 나란히 지어져 있고 합스부르크가의 개혁 군주였던 마리아 테레지아의 동상이 보인다.

상스 양식으로 지어졌으며 설계는 고트프리트 젬퍼Gottfried Semper, 1803~1879년가 담당했습니다. 젬퍼는 프로이센 신고전주의 양식의 아버지라 할 수 있는 프리드리히 싱켈의 제자로, 베를린 건축 학교에서 공부했습니다. 따라서 황제 포럼의 건축이 절대 왕정을 상징하는 바로크 양식으로 지어졌다면, 두 박물관은 여기에 르네상스적 색채가 가미된 바로크-르네상스 양식으로 지어졌습니다. 박물관이 주로 르네상스 시대에 생겼기 때문입니다.

박물관은 르네상스 시절 수집품을 모아 놓은 방으로부터 시작해 예술품 수장고로 발전했습니다. 그리고 19세기 민족 국가의 등장과 함께 애국심을 고취시키기 위한 장소로 기능하게 되는데, 여기서 오스트리아도 예외가 아니었습니다. 이상이 19세기 신절대주의의 전제 군주를 위한 건축이었다면, 두 번째로 입헌 군주제를 선택한 개혁 군주로서의 면모를 보여 주는 건축도 있었습니다. 바로 시민 포럼의 건축들이었습니다.

의사당과 대학, 증권 거래소가 들어서다

시민 포럼의 대표적 건축물은 빈 시청1872~1883년, 빈 대학교

1874~1884년, 의회 의사당1873~1884년, 부르크 극장1874~1888년, 증권 거래소1874~1877년 등이 있습니다. 이 중에서 의회 의사당은 테오필 한센Theophil Hansen, 1813~1891년의 설계로 고대 그리스 양식으로 지어졌습니다. 입헌 군주제를 표방한 나라에서 각종 법률의 발의를 담당하는 의사당은 가장 먼저 지어야 할 시설 중 하나였고, 건축 양식은 민주주의의 요람이라 할 수 있는 고대 그리스 양식으로 지어졌습니다.

한편 빈 시청은 건축가 프리드리히 폰 슈미트Friedrich von Schmidt, 1825~1891년의 설계로 고딕-바로크 양식으로 지어졌습니다. 빈 시는 그즈음 뒤늦게 자치 도시의 지위를 인정받았기 때문에 새롭게 시

고딕-바로크 양식으로 지어진 빈 시청. 빈은 19세기 뒤늦게 자유 도시의 지위를 인정받았고 새로운 시 청사가 필요해졌다. 고딕 양식으로 지어져 어딘지 중세적인 면모를 풍기고 있다.

청사가 필요해진 것입니다. 말하자면 빈은 오스트리아의 수도이기도 하면서 또한 자치 도시의 지위를 이 시기 획득한 것입니다. 중세 시대 자유 도시가 되는 것이 무척 중요했다고 앞서 이야기했는데, 건축 양식에 있어서 중세 건축 양식인 고딕이 채용된 이유는 새롭게 획득한 자치 도시의 상징성을 명확히 드러내고자 했기 때문입니다. 즉 근대 국가의 자치 도시이기는 하나 시청사의 건축 양식을 중세 고딕 양식을 가미해서 지은 것입니다.

세 번째로 빈 대학교는 하인리히 폰 페르스텔Heinrich von Ferstel의 설계로 르네상스 양식으로 지어졌습니다. 대학은 근대 국가의 성립 시기에 반드시 설립하는 주요 시설 중 하나입니다. 이는 시민 계급의 성장에 따른 고등 교육 필요성의 대두라 볼 수도 있지만, 보다 더 큰 틀에서 보면 고등 교육을 국가에서 관리하며 시민들에게는 관료 사회로의 진출 통로를 만들어 주는 것이라 할 수 있습니다. 말하자면 국가의 대민 지배력을 강화하는 장치로서 기능하는 시설입니다.

중세 시대에 기술 교육을 담당하는 것이 길드 체제에 기반한 도제 시스템이었다면, 인문 교육을 담당하던 곳은 성당에 부속된 신학교였습니다. 여기서는 주로 종교 철학을 가르쳤고 졸업 후에는 사제가 되곤 했습니다. 이런 체제에서는 국가가 교육에 개입할 여지가 없었습니다. 한편 유럽의 절대 왕정 체제하에서 중앙 관료가 되는 방법 중 하나로 돈을 주고 관직을 사는 매관제가 있었습니다. 중국과 한국을 비롯한 유교 문화권에서는 관료 사회로 진출하는 방법이 과거 제도로 일찍이 확립되어 있었습니다. 이는 매우 투명하고 공정한 절차였기 때문에 돈으로 관직을 사고파는 매관매직은 탐관오리들이나 저지르는 큰 부정으로 생각했습니다. 하지만 유럽 사회에서 매관제는 불법이 아닌 합법이었습니다.

유럽에서는 동양의 과거제에 해당하는 공적인 진출 통로가 없었기 때문입니다. 그저 인맥으로 관료 사회에 진출했는데, 그 통로가 되는 것이 궁정 사회나 사교계였습니다. 그렇다면 인맥이 없거나 혹은 신분이 비천하여 궁정에 출입할 수 없는 사람들은 어떻게 해야 할까요? 그 대안으로 제시된 것이 국가에 큰돈을 납부한 뒤 관직을 얻는 것이었습니다. 돈은 탐관오리의 개인 지갑으로 들어간 것이 아니라 국고로 수납되었으니 세금과 비슷한 개념이었고, 국가에 어느 정도 공헌을 했으니 관직을 맡을 만하다고 여겨졌습니다. 또 자신의 힘으로 큰돈을 벌었다는 것은 성실하고 능력이 있다는 증거로 받아들여졌습니다. 취지로만 보면 수긍이 가기도 하지만 결국에는 돈 많은 귀족들이 관직을 사는 제도로 변질되고야 말았습니다.

이처럼 인맥에 기반한 폐쇄적인 귀족 사회에서 벗어나 전 국민을 상대로 누구나 관료 사회로 진출할 수 있는 공정한 기회를 주기 위해 설립한 것이 대학입니다. 한편으로 입헌 군주제 국가에서 법을 해석하여 판결하고 또 집행하기 위한 법관과 행정관이 대거 필요하게 됩니다. 체계적인 교육을 받은 전문 인력을 양성하기 위한 기관으로서 대학은 근대 국가에서 꼭 필요한 시설이었습니다.

대학 건물의 형태가 주로 르네상스 양식을 취하고 있는 것도 중세의 신학교에서 독립해 독자적인 교육 기관으로 독립한 르네상스 시대 대학의 역사를 반영하고 있기 때문입니다. 그래서 지금도 전 세계의 대학 캠퍼스 건물들은 서로 비슷하게 생겼습니다. 일찍이 학문의 요람으로 알려진 아카데미가 번성했던 고대 그리스 양식으로 지어지거나 혹은 대학이 중세의 신학교로부터 독립하던 르네상스 시기의 양식으로 지어지는 경우가 많습니다. 한편 중세의 신학교는 현재 신학 대학이 되었고 그래서 신학 대학의 건축 양식은 대개 중세 고딕의 색채를 띠는 것이 많습니다.

아울러 증권 거래소 건물이 테오필 한센Theophil Hansen의 설계로 이탈리아 르네상스 양식으로 지어졌습니다. 증권 거래소는 대개 자본주의 경제 체제로 이행하는 시기에 지어집니다. 증권 자체가 근대 자본주의 사회의 산물이기 때문입니다. 방대한 영지에서 나오는 지대 수익으로 살아가는 중세 귀족은 굳이 위험을 무릅쓰고 증권 투자를 할 필요가 없었습니다. 하지만 산업 사회에서 공장과 기업이 등장하면서 회사의 증권을 사는 것은 신흥 부르주아지가 소액 투자를 할 수 있는 기회 중 하나로 떠올랐습니다. 결과적으로 증권 거래소는 그 당시 급성장하고 있던 신흥 부르주아지를 위한 공간이었습니다.

새로운 계급,
부르주아지를 위한 건축

증권 시장이 가장 먼저 발달한 곳은 일찍이 해상 무역이 발달했던 영국, 네덜란드 등이었습니다. 예를 들어 동인도회사에서 무역선 한 척을 인도로 보낸다고 해 봅시다. 배를 띄워 인도에 가서 상품을 사들인 뒤 영국으로 돌아와 되팔면 큰돈을 벌 수 있습니다. 하지만 시간도 오래 걸리고 돈도 많이 듭니다. 대략 배 한 척을 띄우는 데 우리 돈으로 5억 원 정도가 든다고 했을 때, 이 돈을 한

꺼번에 마련하기가 힘듭니다. 대신 10만 원이나 100만 원 정도의 소액 증권을 발행하여 돈을 모은 뒤 배를 띄워 무역에 성공하고 난 뒤 그 이익을 배당금 형식으로 나눠 갖는 것, 이것이 바로 증권 거래의 시작입니다.

영국이나 네덜란드에 비해 조금 늦긴 했지만 19세기 말 오스트리아도 전통적인 농업국에서 벗어나 근대적인 자본주의 산업국으로 전환되면서 증권 거래소가 필요해졌습니다. 당시 지어진 증권 거래소의 건축 양식은 르네상스 양식인데, 발달한 해상 무역을 바탕으로 경제가 크게 성장했던 15세기 이탈리아의 기억을 반영했기 때문입니다.

또한 이 시기 극장도 신흥 부르주아지를 위한 문화 공간이었습니다. 지금 우리는 극장이라고 하면 영화 상영관을 생각하지만 당시의 극장은 음악회나 오페라 공연을 주로 하는 곳이었습니다. 본래 음악회와 오페라도 귀족들만 즐길 수 있는 고급 예술이었습니다. 특히 귀족이라면 일반석이 아닌 특별히 마련된 박스석을 소유하는 것이 중요했습니다. 주로 연간 이용권 형식으로 팔렸고 그 값도 매우 비쌌습니다. 박스석은 지정석이었고 그 이용권을 가진 귀족은 언제든 마음대로 이용할 수 있었습니다.

빈 국립오페라 극장. 새롭게 성장한 부르주아지를 위한 건축으로 초기 바로크 양식으로 지어졌다.

귀족들은 약간 거드름을 피우면서 오페라 상연 시간보다 늦게 도착하기도 했고 조금 관람하다가 재미가 없으면 일찍 돌아가 버리기도 했습니다. 당시 귀족들이 박스석을 소유한다는 것은 음악과 예술을 즐긴다기보다 예술을 후원한다는 의미가 더 컸습니다. 그래서 굳이 관람 시간을 지킬 필요도 없었고 심지어 관람 도중 배가 고파지면 음식을 시켜다가 커튼을 내린 채 먹기도 했습니다. 한

마디로 박스석의 소유는 귀족만의 특권이었습니다.

반면 박스석을 소유하지 못한 중산 계층은 1회 입장권을 사서 들어가 1인용 객석에 앉아 관람했습니다. 그런데 18~19세기 신흥 중산층인 부르주아지가 성장하면서 이들도 극장의 박스석을 소유하는 것이 크게 유행했습니다. 이렇게 되자 극장들은 박스석의 크기도 줄이고 가격도 조금 낮추어 부르주아지에게도 박스석 이용권을 판매하기 시작했습니다. 고트프리트 젬퍼의 설계로 부르크 극장이 초기 바로크 양식으로 지어진 것은 이러한 당시 사회상을 반영하고 있습니다.

요약해 보면, 링슈트라세 주변에 지어진 건물은 황제 포럼신궁전, 자연사 박물관, 예술사 박물관, 군사 포럼프란츠 요제프 병영, 로사우어 병영, 시민 포럼빈 시청, 빈 대학교, 의회 의사당, 증권 거래소, 극장 등 크게 세 범주로 나누어 볼 수 있습니다. 프란츠 요제프 황제는 신절대주의를 확립한 전제 군주, 입헌 군주제를 표방한 개혁 군주라는 양면성이 있습니다. 따라서 황제 포럼과 군사 포럼의 건물들은 그의 전제 군주로서의 모습을 시사하고, 시민 포럼의 건물들은 개혁 군주로서의 면모를 드러낸다고 할 수 있습니다.

이 외에도 링슈트라세 주변으로 수많은 아파르트망 건물이 들

19세기 오스트리아 빈에 지어진 아파트의 모습. 프랑스의 아파르트망과 매우 비슷하다.

어섰는데 이는 증권 거래소, 극장과 더불어 시민 계층의 성장을 보여 주는 예라 하겠습니다. 근대 국가 성립기에 필요한 이 많은 건물을 짓기 위해 중세 성곽을 허물어 링슈트라세를 건설해야 했습니다. 이는 시위를 진압하기 위한 목적도 있었지만 또한 도심의 교통난을 해결하려는 목적도 있었습니다. 이 모든 방법은 근대 국가 성립 시기의 대부분 나라에서 공통적으로 드러나는 현상이기도 합니다. 옛 도시의 성곽을 허물어 학교, 병원, 시청, 의사당, 공원 등을 만드는 것은 파리와 베를린에서도 반복되었고 또한 서울과 도쿄에서 반복되는 일이기도 했습니다. 무엇보다 성벽을 허물어 도심 환상 도로를 만드는 방식은 이후 여러 도시에서 나타납니다.

일본 도쿄의 경우 지하철 노선 중 녹색의 야마노테선 승객이 가장 많습니다. 주요 시설들이 대개 주변에 있어서 처음 도쿄 여행을 하는 사람이라면 야마노테선만을 타고도 충분히 도쿄 관광이 가능할 정도입니다. 그런데 이 야마노테선은 옛 에도 시대 성곽이 있던 자리와 대략 일치합니다. 중세 성벽을 허물고 그 자리에 도심 환상 지하철을 설치한 예입니다. 이 외에도 많은 도시에서 보이는 도심 환상 도로 혹은 내곽 순환도로는 19세기 빈의 링슈트라세 프로젝트에 영향을 받아 건설된 것이라 하겠습니다.

박물관 건립의 기원

콜럼버스가 1492년 아메리카 대륙을 '발견'하면서 낯선 땅에서 가져온 신기한 물건을 수집하는 것이 크게 유행했습니다. 코끼리의 상아, 조개껍데기, 바다거북, 산호 등은 물론이고 때로 아시아와 아메리카의 선주민에게서 빼앗다시피 노획해 온 칼, 장신구 등 진귀한 물품도 많았습니다. 당시 이탈리아 거상이나 귀족의 집에는 이러한 물품들을 모아 주택 내 '호기심의 방salon de curiosité'에 두는 것이 크게 유행했습니다. 수집품이 많아질수록 '호기심의 방'도 커졌고 나중에는 항목별로 정리를 해 놓기 시작했는데, 이것이 바로 자연사 박물관의 초기 형태입니다.

또한 왕실에서는 각종 미술품을 수집하여 보관했는데, 1789년 프랑스 대혁명 후에 시민에게 개방한 것이 미술관, 즉 예술사 박물관의 시초입니다. 따라서 19세기 빈의 예술사 박물관과 자연사 박물관은 그것이 처음 탄생하던 시기인 르네상스의 색채를 가미하여 바로크-르네상스 양식으로 지어진 것입니다. 이처럼 박물관이나 미술관은 본래 호기심 충족이나 미술품 수집이 목적이었다가 19세기 민족 국가의 등장과 함께 국민에게 애국심을 주입하기 위한 장치로 기능하게 됩니다.

이후 자연사 박물관에는 우리 민족이 얼마나 오래전부터 이 땅에서 살아왔나, 우리의 강산이 얼마나 아름다운가를 보여 줍니다. 예술사 박물관에 가면 오스트리아의 화가들이 그린 그림과 음악가들이 작곡한 교향곡이 있습니다. 이 모두를 둘러보고 나온 사람들은 자부심과 애국심이 생길 수밖에 없습니다.

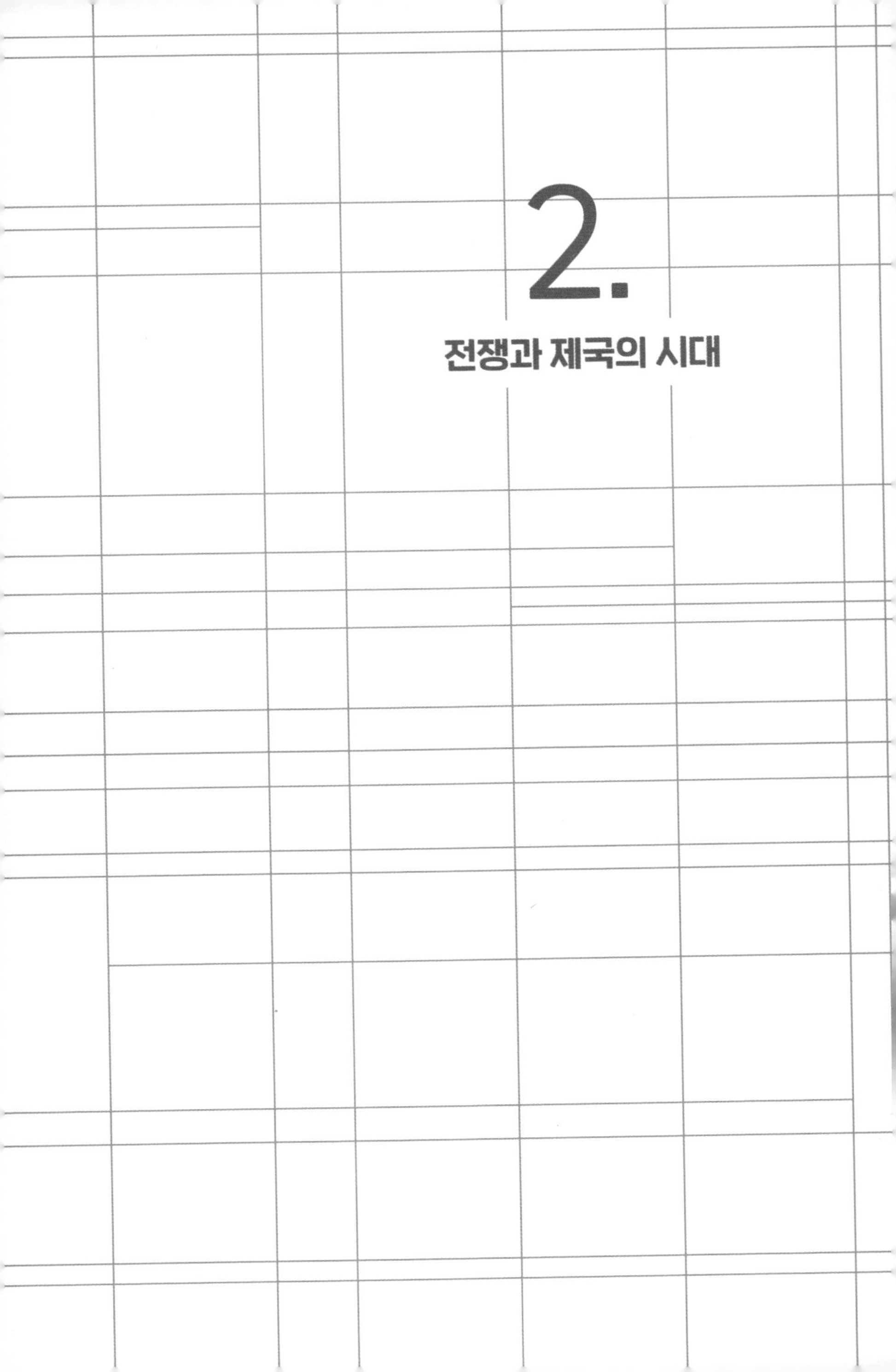

2.

전쟁과 제국의 시대

04. 이탈리아 통일과 파시즘의 출현

100년 전인 1920~1930년대 유럽 일부 국가에서는 전체주의, 곧 파시즘이 크게 유행하고 있었습니다. 이탈리아의 파시즘, 독일의 나치즘이 대표적이며 큰 틀에서 보자면 일본의 군국주의도 전체주의였다는 점에서 파시즘이라 할 수 있습니다. 이탈리아, 독일, 일본은 19세기 말 뒤늦게 산업 혁명이 일어난 후발 산업국인데, 후발 산업국의 특성상 국가 주도의 산업 개발과 함께 정치적으로는 위로부터의 정치 개혁을 하게 됩니다. 이러한 공통점을 가진 세 나라는 공교롭게도 2차 세계 대전을 일으킨 '추축국'이기도 합니다. 그렇다면 파시즘은 무엇이며 출현 배경은 무엇일까요?

통일 이탈리아 왕국 선포와 황제의 기념관

파시즘은 이데올로기적 응집과 세력 동원을 위한 근대적인 대중 정치의 한 형태로서, 보수적이고 극우적인 성향을 띠며 국가 위기 상황에서 주로 발생합니다. 구체적 특징으로는 지도자 개인에 대한 광적인 숭배, 민족 우월주의, 군국주의, 대중 집회의 중시 및 선전용으로 제복을 입은 청년단을 지원한다는 점입니다. 아마 독일의 나치즘을 생각해 보면 이해하기 쉬울 것입니다. 나치즘은 유대인을 학살하는 등 훨씬 더 폭력적이었기 때문에 세상에 널리 알려져 있지만, 나치즘보다 이탈리아의 파시즘이 앞서 출현했습니다.

19세기 말에서 20세기 초 독일과 이탈리아는 여러모로 공통점이 많았는데, 독일이 1870년대 통일을 이루었듯 이탈리아도 그즈음 통일이 됩니다. 그전까지 이탈리아는 국가가 아닌 각 도시들의 연합에 가까웠습니다. 베네치아, 피렌체, 시에나, 제노바 등등의 도시들은 르네상스 시대에 무역을 기반으로 성장한 항구 도시이자 자유 도시였습니다.

자유 도시는 자치권을 인정받았기 때문에 국왕이나 황제의 간섭을 받지 않았습니다. 엄밀히 말하면 이탈리아 전체는 교황의 지배하에 있었지만 그 구속력은 그다지 크지 않았고 오히려 도시의 자치권이 훨씬 중요했습니다. 그러다가 19세기 중반 사르데냐 왕국의 주도로 이탈리아반도가 통일되고 1861년 사르데냐 왕국의 수도였던 토리노에서 통일 이탈리아 왕국을 선포합니다. 그리고 1870

사르데냐 왕국의 수도였던 토리노 시 전경.

년 로마를 장악하여 이듬해인 1871년 2월 3일 로마를 수도로 선포하고 교황령 국가가 아닌 세속 국가임을 선포하는데, 이 모든 과정을 리소르지멘토Il Risorgiménto라 합니다. 이탈리아의 초대 황제는 비토리오 에마누엘레 2세였습니다.

시기적으로 보면 1871년 프로이센을 주축으로 통일 제국이 되었던 독일과 일치함을 알 수 있습니다. 프로이센이 베를린을 새 제국에 걸맞는 수도로 탈바꿈시켰듯, 통일 이탈리아도 수도 로마를 재단장합니다. 그전까지 로마는 교황의 도시이자 전 세계 기독교인의 순례지 성격이 강했습니다. 이후 교황의 도시를 제국의 도시로 만들기 위한 작업이 시작됩니다. 중세 로마의 기독교 관련 건물을 하나둘 철거하고 그 자리에 제국의 위상에 걸맞는 새 건물을 지었습니다. 그것들은 대개 입헌 군주제 국가에서 필요한 법정, 그리고 사관 학교, 국책 은행 등이었습니다.

19세기 근대 국가가 되면 장교를 양성하기 위한 기관으로서 사관 학교를 짓게 됩니다. 이는 중세의 기사 제도가 해체되고 대신 장교가 입헌 군주국의 새로운 기사로 그 역할을 떠맡았기 때문입니다. 또한 과거 이탈리아는 각 도시마다 별도의 금화를 주조했지만, 이제 통일 국가가 되었으므로 단일 화폐와 그 발행권을 독점할 국책 은행이 필요해진 것입니다.

한편으로 통일 이탈리아 초대 황제인 비토리오 에마누엘레 2세의 기념관이라 할 수 있는 비토리아노Vittoriano를 1885년부터 짓기 시작하여 1911년에 완공했습니다. 설계자는 주세페 사코니Giuseppe Sacconi로, 건물의 폭이 135미터에 높이가 70미터였으니, 20층 건물의 높이와 맞먹었습니다. 당시로서는 어마어마한 높이였고 건

비토리아노. 통일 이탈리아 왕국의 초대 황제 비토리오 에마누엘레 2세를 기념하기 위한 기념관이다. 현재는 리소르지멘토 박물관으로 사용되고 있다.

물 한가운데는 비토리오 에마누엘레 2세의 기마상이 있었습니다. 대개 신흥 국가에서는 그 나라의 역사를 보여 주는 박물관을 건립하곤 하는데, 황제의 기념관을 세운 것은 독재 국가에서나 있을 법한 드문 사례라고 하겠습니다. 뒤늦게 통일 제국이 된 이탈리아의 위상을 과시하기 위한 건물이었는데, 거대한 규모에 이것저것 많은 양식이 복합되었고 또 장식도 많아서 '웨딩 케이크'라는 별칭도 얻었습니다. 건축에서 웨딩 케이크 같은 건물이라고 하면 칭찬

이 아닌, 비아냥거림에 가깝습니다.

본래 유럽에서 결혼식 날 아침이 되면 신부의 친구들이 손수 케이크를 하나씩 구워 신부에게 선물로 주는 풍습이 있었습니다. 여러 개의 케이크가 모이면 신부의 어머니가 큰 것부터 차례로 쌓아 올려 웨딩 케이크를 만듭니다. 그런데 친구들의 솜씨가 저마다 다르다 보니 모양도 색깔도 제각각인 케이크가 커다랗게 쌓아 올려지곤 합니다. 근대 이탈리아 건축은 뒤늦게 통일된 후발 제국으로서 초대 황제를 신성시하는 기념관을 짓는 등 조급성을 드러냅니다. 공화국이 된 현재는 황제의 기념관이 아닌, 19세기 이탈리아 통일 운동인 리소르지멘토를 기념하기 위한 박물관으로 사용되고 있습니다.

한편 독일과 마찬가지로 통일 이탈리아도 국가 주도의 산업 발전에 박차를 가합니다. 여기저기에 공장이 들어서자 공장에서 일하는 노동자들도 많아졌고 자본주의로 전환되면서 그 폐단이 지적되었습니다. 급격한 산업화로 인한 노동자의 증가, 자본주의의 폐해, 이 두 가지가 만나면 노동 운동을 통한 혁명이 일어나기 쉽습니다. 대표적인 것이 1917년 러시아에서 혁명이 일어나 '소비에트 사회주의 연방 공화국' 이른바 소련이 등장한 것인데, 혁명이 아닌

보다 온건한 방법으로 사회주의 정부가 들어선 나라도 있었습니다.

19세기 후반에서 20세기 초반 오스트리아는 헝가리와 연합하여 오스트리아-헝가리 제국으로 존재했는데, 제1차 세계 대전으로 패망하면서 제국은 분해되다시피 합니다. 국토의 면적은 4분의 1로 축소되었고 그만큼 세수도 줄어 경제난까지 가중되었습니다. 이러한 혼란기에 1919년 5월 선거에서 사회주의 정당이 정권을 잡습니다. 빈 시장으로 당선된 사회민주 노동당의 카를 자이츠Karl Seitz는 빈을 독립시켜 자치적으로 다스리는 독립 국가를 만드는데 이것을 '붉은 빈Das Rotes Wien'이라고 합니다. 붉은 빈은 1919년부터 1934년까지 15년간 유지되면서 '사회주의 낙원'을 만들고자 했습니다.

이탈리아도 마찬가지여서 1919~1920년까지 '붉은 2월Bienne Rosso'이라 하여 좌파가 정권을 잡기도 했습니다. 붉은 빈과 붉은 2월, 두 사례는 1917년 러시아에서 일어난 볼셰비키 혁명에 영향을 받아 일어난 일입니다. 이렇게 되자 이탈리아도 혹시 소련처럼 사회주의 국가가 되는 게 아닌가 하는 우려가 나타나고 있었습니다. 또한 제1차 세계 대전이 끝나서 참전 용사들이 귀환했는데, 이들에게는 마땅한 일자리가 없어 실업이 만연하면서 사회 불만도

커진 상태였습니다.

이탈리아는 예로부터 로마 제국의 전통이 강한 곳입니다. 제국 시절의 로마는 방대한 식민 영토인 속주屬州를 개척하고 관리하기 위해 주로 군인을 파견했습니다. 근대 국가라면 식민지를 관리하기 위해 회사를 설립했겠지만 고대 로마 시절에는 회사라는 개념이 없어 군대가 그 역할을 대신한 것입니다. 그런데 속주는 방대하고 군대에 가는 로마 시민은 한정되어 있다 보니 결국 시민들의 복무 기간이 길어졌습니다. 그 기간은 10~12년 정도였으니, 로마의 시민 계급 남성들은 18세가 되면 군대에 가서 서른 살 정도가 되어야 제대를 했습니다. 따라서 국가는 이들에게 무언가 보상을 해 주기 위해 속주의 땅을 조금씩 분할하여 제대 군인에게 나누어 주었는데, 이는 중요한 경제적 기반이 되었습니다.

유럽과 미국에서는 이러한 전통이 지금도 계속 남아서 제대 군인이나 퇴역 군인을 '베테랑'이라 부르면서 존경하고 우대하는 기풍이 있습니다. 로마 병사는 10년이 넘게 군복무를 하며 전투 외에 측량, 도로와 교량 건설, 우물 파기 및 세금 징수 등 각종 업무를 담당했습니다. 베테랑이 퇴역 군인이라는 본래 뜻 외에 어느 분야의 전문가를 이르는 말로도 사용되는 것은 이 때문입니다. 10년간 복무하며 한 가지 일을 계속하다 보면 전문가가 될 수밖에 없겠지요. 이렇듯 퇴역 군인인 베테랑을 우대해 주어야 하는데 제1차 세계 대전의 참전 용사에게는 토지는 고사하고 일자리조차 부족했습니다. 이 문제는 사회 불만의 요소로 떠오릅니다. 급속한 공업화로 인한 노동자들의 불만, 참전 용사들의 실업 문제, 이러한 혼란기에 베니토 무솔리니가 등장합니다.

무솔리니의 도시 마스터플랜

1921년 1월 무솔리니는 제대 군인으로 구성된 '파시 디 콤바티멘토Fasci di Combattimanto, 병사들의 연합이라는 뜻'를 결성합니다. 파시즘이란 바로 여기서 생긴 말로 '파시Fasci'란 고대 로마 시절 집정권들이 들고 다니던 도낏자루에서 유래합니다. 도끼는 고대 사회의 강력한 무기여서 대개 국가 권력을 상징했습니다. 도끼는 도끼날과 도낏자루로 이루어져 있는데, 고대 로마에서는 여러 개의 나무 막대를 한 다발로 꽉 묶은 것을 도낏자루로 이용했고 이를 파시라 했습니다. 즉 파시는 로마 집정권의 힘과 권위를 나타내는 말이자, 동시에 각각의 나무 막대를 하나로 묶었다는 점에서 연합이나 단합,

나아가 전체주의를 의미하기도 합니다. 따라서 파시즘을 전체주의라 번역하는 것입니다.

처음에는 참전 용사들의 연합체였던 파시 디 콤바디멘토는 그해 11월 파시스트당이라는 정당으로 발전합니다. 그리고 이듬해인 1922년부터는 일명 '검은 셔츠단'이라 하여 검은 셔츠를 입고 다니는 파시스트 행동대원을 모집하여 대략 4만 명 정도가 되었고 그해 10월 무솔리니는 이들을 데리고 로마로 진격하여 쿠데타를 일으킵니다. 당시 국왕이던 비토리오 에마누엘레 3세는 무솔리니에게 내각을 맡김으로써 파시스트 대평의회大評議會는 국가 기관이 되었고 검은 셔츠단은 합법적인 단체가 되었습니다.

1924년 4월, 선거에서 파시스트당은 다수당이 되었고 1925년 1월부터 무솔리니를 우두머리로 한 파시즘 정권의 독재가 시작됩니다. 무솔리니가 정권을 잡고 나서 한 일은 로마의 대대적인 재개발이었습니다. 로마는 고대 로마 제국의 중심지이자 중세 기독교의 중심지라는 두 가지 역사적 층위가 있습니다. 그중에서 무솔리니는 고대 로마 제국의 중심지임을 계승하고자 했고 그러자면 중세 기독교 중심지라는 흔적은 되도록 없애야 했습니다.

1926년 4월, 로마 재개발을 명목으로 도심 빈민가의 철거가 시작됩니다. 이때의 공사는 빈민가를 없앤다는 명분 외에도 참전 군인들을 위한 대규모 일자리 창출의 목적도 있었습니다. 그리고 1929년 로마 교황청이 있던 바티칸을 이탈리아로부터 독립시켜 조그만 바티칸 시국으로 만들어 버립니다. 이와 함께 중세 시대에 지어진 성당과 각종 기독교 관련 시설들이 철거되었습니다. 무솔리니에 대한 선전 포스터 중에 곡괭이를 들고 로마의 옛 시가지를 파헤치는 모습이 담긴 것이 있습니다. 옛 로마의 잘못된 구습을 타파한다는 의미를 담은 것이지만, 실제로 그는 중세 기독교의 흔적을 의도적으로 파괴했습니다. 하지만 이것도 한계에 부딪힙니다.

로마는 고대 로마부터 시작하여 2000년 동안의 역사적 흔적이 쌓인 역사 도시였습니다. 어쩌면 도시 전체가 역사 유적이라고도 할 수 있습니다. 이 모두를 철거할 수는 없기 때문에 1937년 로마에서 남쪽으로 약 8킬로미터 떨어진 곳에 신도시를 건설하기로 합니다. 이때 신도시 건설 계획의 마스터플랜을 작성한 것은 건축가 마르첼로 피아첸티니Marcello Piacentini인데 무솔리니 정권의 공식 건축가이기도 했습니다. 마스터플랜에 의하면 기차역, 우체국, 법원, 대학, 공장, 요양원 같은 도심 기반 시설과 복지 시설이 포함되어 있어, 파시즘이란 곧 진보의 상징이거나 좋은 것이라는 인식을 심어 주기에 충분했습니다. 이 신도시를 로마 '만국 박람회 지구Esposizione Universale di Roma', 즉 '에우르EUR' 혹은 'E42'라고도 합니다. 본래 이곳은 1942년 로마 만국 박람회 개최 예정지로 행사가 끝나면 신도시로 이용할 계획이었기 때문입니다.

새로운 제국을 위한 신도시

지금은 예전에 비해 만국 박람회의 위상이 낮아진 감이 있지만, 19~20세기만 해도 만국 박람회는 올림픽에 버금가는 큰 행사였습니다. 만국 박람회의 기원은 19세기 중반 산업 혁명의 나라인 영국과 그 경쟁국인 프랑스입니다. 산업 혁명으로 인해 자국의 산업이 얼마나 발달했는지, 자국에서 생산된 공산품이 얼마나 우수한지를 보여 주는 것이 주목적이었습니다. 이 또한 국력의 과시였다는 점에서 일종의 문화 올림픽이라 할 수 있습니다.

하루가 다르게 기술과 산업이 발달하고 있던 19~20세기 중반 유럽에서 만국 박람회는 신기술의 발표회장이기도 했습니다. 이를테면 1851년 런던에서 만국 박람회가 개최되었을 때 가장 큰 볼거리는 철과 유리로 지어진 크리스털 팰리스Crystal Palace 일명 수정궁이었습니다. 이는 단 한 장의 벽돌이나 단 한 줌의 시멘트도 사용되지 않은 채 오로지 유리와 철로만 지은 거대한 건물이었습니다. 본래 왕실 정원사로 일하고 있던 조지프 팩스턴Joseph Paxton이 유리 온실에서 아이디어를 얻어 설계한 건물로, 당시 유리와 철 생산에서 앞서 나가던 영국의 기술력을 과시하는 효과도 있었습니다.

한편 영국과 경쟁 관계에 있던 프랑스는 프랑스 대혁명 100주년이 되는 1889년에 에펠탑을 짓습니다. 이는 1900년에 열릴 예정이던 파리 만국 박람회에서 라디오 송신탑으로 사용할 목적으로 만든 것인데, 이후 만국 박람회에서 가장 유명한 상징탑이 되었습니다. 설계는 철도 건설과 교량 구조 설계자였던 귀스타브 에펠Gustave Eiffel이 담당했는데, 이후 그의 이름을 따서 에펠탑으로 불리게 되었습니다. 당시 프랑스의 발달했던 철강 산업을 보여 주는 사례이기도 합니다. 이렇듯 당시에는 만국 박람회의 위상이 높았습니다.

무솔리니 역시 집권 20주년이 되는 1942년에 로마 만국 박람회, 즉 에우르EUR를 개최하기로 하고 개최 장소인 E42 지구를 신도시로 계획합니다. 이 계획안 중에서 가장 유명한 건축물 중 하나가 이탈리아 시민 궁전Palazzo della Civiltà Italiana입니다. 로마의 대표적

이탈리아 시민 궁전. 콜로세움을 현대적으로 재해석한 것 같은 외관으로 스퀘어 콜로세움이라는 별칭도 있었지만 현재는 패션 회사의 사옥이 되었다.

포로 무솔리니. 1940년 올림픽을 준비하며 지었던 대규모 스포츠 센터. 현재는 포로 이탈리아로 이름이 바뀌었다.

건축 모양 중 하나인 아치가 6층으로 층층이 올려진 형태의 건물입니다. 아치를 중첩시켜 쌓아 만든 건물로 유명한 것이 고대 로마의 콜로세움인데, 콜로세움이 고풍스러운 원통형의 건물이라면 이탈리아 시민 궁전은 콜로세움을 현대적으로 재해석하여 사각형으로 만들어 놓은 느낌입니다. 그래서 사각형의 콜로세움이라는 뜻에서 스퀘어 콜로세움이라고도 불리고 있습니다.

한편 무솔리니는 만국 박람회뿐 아니라 올림픽 개최도 계획하면서 포로 무솔리니Foro Mussolini를 건설했습니다. 1936년은 독일의 베를린이 올림픽 개최지로 선정되었고, 그 다음인 1940년 올림픽 개최를 앞두고 로마는 일본 도쿄와 경쟁하고 있었습니다. 포로 무솔리니는 로마 북쪽에 지어진 거대한 스포츠 복합 시설로, 마르미 스타디움, 치프레시 스타디움, 테니스 스타디움 등이 있습니다. 이 중 마르미 스타디움은 여러 종목의 스포츠 선수들을 나타내는 60여 개의 조각상이 있어 메인 스타디움이라 할 만합니다. 또한 고대 로마의 대형 목욕장을 재현한 듯한 실내 수영장테르미 궁전, 음악 아카데미, 스페라 분수 등이 있습니다. 이 모두는 고대 로마 제국의 영광을 재현한 것이기도 합니다.

무솔리니는 1940년 올림픽과 1942년 만국 박람회 개최를 준비하며 로마가 20세기의 세계 수도가 되기를 꿈꾸고 있었습니다. 본디 이탈리아는 고대에 한 번, 중세에 한 번, 이렇게 두 번의 세계 제국을 건설한 바 있기 때문입니다. 고대 로마 제국은 이탈리아를 넘어 남부 유럽과 지중해, 아프리카까지 뻗어 있었습니다. 그리고 중세 시대 기독교가 유럽의 정신세계를 지배하고 있을 때, 교황청이 있던 로마는 유럽의 정신적 지주 역할을 했습니다. 이제 다시 이탈리아가 세계 제국이 된다면 로마는 세 번째 세계 제국의 수도가 될 참이었습니다.

무솔리니는 첫 번째 세계 제국을 건설했던 고대 로마의 흔적은 그대로 남겨 놓고 인근에 세 번째 세계 제국을 위한 신도시 E42를 건설했습니다. 그 와중에 본래 그곳에 살던 사람들은 멀리 떠나야 했습니다. 이들은 급조된 마을인 보르가테borgate로 강제 이주를 당했는데, 1920~1940년까지 모두 아홉 곳의 보르가테가 만들어졌습니다. 단기간에 급조된 마을이었으니 생활 환경과 위생 시설이 모두 열악한 가운데 거주민들은 변변한 직업도 없는 빈민으로 전락했습니다. 이외에도 그는 1937년 로마 근교 60만 제곱미터 크기의 영화 마을인 시네시타cinecittà를 건립했습니다. 영화는 정권의 선전 도구로 사용될 수 있기 때문입니다. 영화 촬영을 위한 여러 개의 스튜디오 외에 영화 연구소도 있었습니다. 1939년부터 1942년까지 250편 가까이 되는 영화가 만들어졌는데 대부분 역사 영화였습니다. 옛 로마의 영광을 재현하려는 의도였습니다. 그 외에 체제 선전용 홍보 영화도 있었습니다.

파괴된
황제의 제단

모든 독재자는 그 자신을 신격화하고 우상화하기 마련인데, 이때 북한처럼 직접적으로 신격화하는 방법이 있는가 하면, 대리인을 내세워 간접적으로 우상화하는 방법도 있습니다. 무솔리니는 후자의 방법을 택했습니다. 본디 고대 로마 제국의 영광을 재현하고자 했던 그는 아우구스투스 황제에게 자신의 모습을 투사했습니다. 로마 제국은 본래 공화정이었다가 율리우스 카이사르와 옥타비아누스를 거치면서 사실상의 제정으로 바뀌게 됩니다.

옥타비아누스는 이후 '아우구스투스 카이사르'라 불리며 원수정을 실시하는데, 이것이 사실상 군주가 다스리는 제정帝政이었기 때문입니다. 말하자면 로마 최초의 황제라 할 수 있는 아우구스투스를 신격화하면서 무솔리니의 모습을 거기에 투영해 동일시하는 수법을 사용한 것입니다. 그러기 위해서는 우선 아우구스투스의 영묘와 아우구스투스가 스페인 · 갈리아 원정을 성공리에 마친 기념으로 세워진 사원인 아라 파키스Ara Pacis를 대대적으로 재건해야 했습니다. 무솔리니는 아우구스투스의 2000번째 탄생일인 1938년 9월 23일에 아우구스투스 황제의 영묘와 아라 파키스를 복원하고 아라 파키스를 보호하는 기념 건물을 세웁니다. 120미터 길이의 사각형 터 안에 높이 45미터15층 건물 높이의 건축물이 들어섰고, 건물의 정중앙에 아우구스투스의 거대한 조각상이 세워졌습니다. 일찍이 최고의 로마 제국을 일구었던 아우구스투스 황제는 20세기 새로운 세계 제국의 지도자가 되기를 꿈꾸는 무솔리니의 제2의 자아이기도 했습니다. 하지만 1940년대부터 점차 검은 그림자가 드리워지기 시작합니다.

우선 계획했던 1940년의 올림픽과 1942년의 만국 박람회는 개최되지 못했습니다. 1940년 하계 올림픽의 개최지가 도쿄로 결정되었기 때문입니다. 물론 도쿄 올림픽도 제2차 세계 대전의 발발로 취소되고 말았습니다. 또한 만국 박람회도 전쟁으로 취소되었습니다. 독일과 이탈리아, 일본은 추축국이 되어 제2차 세계 대전을 일으켰지만 모두 패전했고, 1945년 무솔리니는 사살되었습니다. 대개 독재자가 죽으면 그와 관련된 건물, 그가 지었던 건물은 파괴되기 마련이지만 신도시인 EUR는 파괴되지 않았습니다.

일반적으로 나치즘, 소비에트 사회주의와 비교해 보면 이탈리아의 파시즘 건물은 정치색을 직접적으로 드러내지 않았고 이러한 온건함 때문에 독재자는 실각했어도 건축물은 살아남았다고 볼 수 있습니다. 정치적으로도 이탈리아의 파시즘은 독일의 나치즘보다 덜 권위주의적이었고 또 덜 급진적이었습니다. 일단 이탈리아는 건축에 있어 특정 양식을 고집하지 않았습니다. 루이 14세의 바로크 양식, 나폴레옹 3세의 엠파이어 스타일, 프로이센의 신고전주의 등 일반적으로 절대 권력은 특정 건축 양식을 창출해 냅니다. 하지만 파시즘은 문화와 예술에 대해 상당히 개방적이었고 건축에 대해서도 특정 양식을 고집하지 않았습니다.

이러한 개방주의와 온건함 때문에 무솔리니의 사후에도 건축물은 파괴되지 않았고 지금도 그다지 큰 거부감 없이 받아들여지고 있습니다. 1960년대부터는 구 로마에 있던 정부 부처가 EUR로 이전했고 컨벤션 센터, 기업체의 본사 등이 입주하기 시작했으니까요. 1970년대 이후에는 업무용 오피스 빌딩이 더 많이 지어져 EUR은 현재 로마 수도권에서 가장 계획이 잘된 지역 중 하나입니다. 또한 앞서 말한 이탈리아 시민 궁전 건물은 현재 이탈리아의 명품 브랜드인 펜디사의 사옥으로 다시 사용되고 있습니다. 고대 로마의 콜로세움을 현대적으로 재해석한 세련된 디자인이 회사의 이미지와 맞아떨어지기 때문이기도 하겠지만, 한편으로는 그 건물이 특정한 양식이나 정치색을 드러내지 않았기 때문입니다. 이제 파시즘은 소멸했지만 건축물은 살아남아서 가방을 생산하는 회사의 사옥으로 사용되고 있습니다.

무솔리니의 건물 중 유일하게 철거된 것이 있다면 아라 파키스를 둘러싸고 있는 파시스트 스타일의 건물일 것입니다. 자신의 신격화를 위해 2000년 전의 아우구스투스 황제를 다시 불러낸 이 건물은 아무래도 정치적 야욕이 너무 드러났던 모양입니다. 2000년에 결국 철거되었는데, 독재자가 지은 건물이라고 해서 무조건 다 파괴되는 것이 아니라, 그 정치적 야심을 노골적으로 드러낸 건물만 파괴된다는 것을 입증한 셈입니다.

05. 독일 제3제국의 운명

1907년 한 청년이 오스트리아의 빈에 와서 링슈트라세와 주변 건물의 웅장한 모습을 보고 넋을 잃었습니다. 그는 빈 예술학교의 입학시험을 치르기 위해 왔던 참이었는데, 생각보다 문턱은 높았습니다. 미술학과에 한 번, 건축학과에 한 번 원서를 넣었지만 모두 낙방하고 맙니다. 그는 고향으로 돌아가는 대신 어느 건축가의 사무실에서 조수로 일하면서 빈 시내 곳곳을 돌아다니고 풍경을 스케치합니다. 그가 건축가 사무실에서 일하며 빈에서 머문 것은 대략 5년 6개월, 훗날 "나의 주된 관심은 항상 건물, 오페라 극장, 의사당 등이었다"라고 『나의 투쟁』에서 당시의 심경을 술회한 바 있습니다. 본래 건축가가 되고 싶었지만 실패한 청년, 그의 이름은 아돌프 히틀러였습니다.

나치 정권의
무대 장치

1914년 6월 28일 오스트리아의 황태자 부부가 보스니아의 수도인 사라예보를 방문했을 때 세르비아 청년들에 의해 총격을 당하고 사망하게 됩니다. 이 일이 도화선이 되어 1914년 제1차 세계 대전이 발발했고, 독일 제국은 오스트리아를 도와 전쟁에 참전했다가 패했습니다. 1918년 11월 휴전 협정과 함께 황제이던 빌헬름 2세는 퇴위하여 네덜란드로 망명했고, 독일은 바이마르 공화국이 됩니다.

바이마르 공화국은 민주적인 나라였지만 강력한 지도자가 없는 유약한 나라였고, 무엇보다 패전과 함께 짊어지게 된 막대한 전쟁 배상금이 문제였습니다. 그나마 경제가 호황이던 1920년대는 그럭저럭 견딜 만했지만, 1929년 미국의 증권가인 월 스트리트가 붕괴하면서 미국의 차관을 끌어 쓰던 독일의 경제도 휘청거리게 됩니다. 혼란과 위기 상황이 되면 국민들은 이를 수습해 줄 강력한 권위주의적 정부를 원하게 되고 이 과정에서 보수적인 우익 정당이 정권을 잡기가 쉽습니다. 앞서 이탈리아에서 제1차 세계 대전 후의 사회적 혼란기에 무솔리니가 등장하여 극우 정당인 파시스트당이 정권을 잡았듯, 독일 역시 이런 상황에서 나치당이 정권을 잡습니다. 당시 당수이던 히틀러는 조직적인 선동과 선거 운동을 통해 의석을 확보하면서 점차 두각을 나타내기 시작합니다.

1920년 2월 4일 히틀러는 뮌헨에서 '국가 사회주의 독일 노동당' 즉 나치당을 창당한 후 서서히 세력을 모아 갔고 1930년과 1932년 선거에서 거푸 선전하면서 마침내 제1당이 되었습니다. 이듬해인 1933년 1월 바이마르 공화국의 힌덴부르크 대통령은 히틀러를 총리로 임명합니다. 그런데 2월 27일 제국 의회 의사당 건물에 누군가 불을 지르는 방화 사건이 일어납니다. 1894년 건축가 폴 발로트의 설계로 지어진 건물입니다. 의회 의사당이란 절대 왕권하의 전제 군주국이 아닌, 의회 정치하의 입헌 군주국임을 나타내는 상징적 건물인데, 바로 여기에 누군가가 불을 지른 것입니다. 그러자 히틀러는 이것이 공산주의자의 소행이라는 소문을 퍼뜨리면서 공산당의 활동을 금지시킵니다. 그전까지 독일은 급격한 산업 발달로 인해 노동자 계급이 급증하고 공산당의 등장과 함께 노동 운동이 시작되는 시기였습니다. 이렇게 되자 혹시 러시아처럼 볼셰비키 혁명이 일어나 독일도 공산주의 국가가 되는 게 아닌가 하는 우려가 퍼졌습니다. 히틀러는 바로 이런 기회를 틈타 중산 계층의

건축가 폴 발로트의 설계로 지어진 제국 의회 의사당. 네오 르네상스 양식의 육중한 건물로 현재 연방 의회 의사당으로 쓰이고 있다.

보수 우익주의에 호소했습니다.

노동 운동과 공산주의자를 일소해 버리고 나치를 제외한 모든 정당 활동을 금지시키면서 나치 일당 국가를 만들었습니다. 내무장관 헤르만 괴링의 주도로 비밀경찰 게슈타포를 창설하여 공산주의자 색출에 나서고, 파울 요제프 괴벨스를 선전부 장관으로 임명한 것도 이즈음이었습니다. 그리고 1934년 8월 힌덴부르크 대통령이 사망하면서 히틀러는 총리와 대통령을 겸임하는 총통이 되었습니다. 독일이 히틀러의 천하가 되면서 제국 의회는 해산되고 이와 함께 민주적이었던 바이마르 공화국도 막을 내리게 됩니다.

한편 이즈음부터 히틀러 정권의 공식 건축가라고 할 수 있는 알베르트 슈페어Albert Speer가 서서히 두각을 나타냅니다. 베를린 공과 대학1870년대 프리드리히 싱켈이 창설했던 베를린 건축 학교의 후신에서 건축을 전공한 그는 1930년 12월 히틀러의 연설을 듣고 그의 열렬한 추종자가 되어 이듬해 1월 국가 사회당에 입당했습니다. 그가 한 일은 주로 대규모 정치 집회 행사장을 연출하는 거였습니다.

히틀러는 대중 동원을 위해 대대적인 전당 대회를 개최했고 그 자신도 열정적인 연설을 했던 것으로 유명합니다. 이때 연설문의 내용을 총괄하는 것이 선전부장인 괴벨스의 몫이었다면 그 무대 장치를 마련하는 것이 슈페어의 몫이었습니다. 특히 나치는 '정치의 예술화'라고 할 만큼 대중 동원을 위해 전당 대회와 행사를 많이 개최했는데, 그 무대를 꾸미고 행사를 총괄 감독하는 것이 슈페어의 역할이었습니다. 건축가가 행사를 연출한다는 것이 생소해 보일 수도 있지만, 행사가 일어나는 공간을 보다 장엄하고 극적으로 꾸미는 것도 건축가의 역할이라 할 수 있습니다. 이를테면 우리도 돌잔치나 결혼식 등 큰 행사를 치르곤 합니다. 이때 예식장은 결혼식이라는 행위를 더 멋지고 화려하게 연출하기 위한 무대 장치라 할 수 있고, 그것을 설계하는 사람이 건축가입니다. 마찬가지로 나치 전당 대회를 더 화려하게 연출하기 위한 무대 장치로서 행사장을 만들고 연출까지 했다고 보면 이해가 쉬울 것입니다.

총통 관저 설계에 담긴 비밀

대표적인 것이 1933년 5월 1일 베를린의 템펠호프 비행장에서 개최된 노동절 행사, 1934년 5월 1일 뉘른베르크의 체펠린 비행장에서 열린 노동절 행사였습니다. 공교롭게도 행사를 모두 비행장에서 개최했는데, 넓고 평탄한 활주로가 있는 비행장의 특성상 대

알베르트 슈페어가 설계한 총통 관저.

중이 모이기 쉽고 행사를 개최하기 좋기 때문입니다. 많은 군중이 모인 대형 행사에서 슈페어는 직접 디자인한 대형 깃발과 조명으로 멋진 장관을 연출했습니다. 이로 인해 히틀러의 신임을 얻게 된 그는 31세의 젊은 나이로 독일 정부의 건축 총감독으로 임명됩니다. 한편으로 젊은 시절 건축가가 되고 싶었던 히틀러로서는, 건축가 슈페어가 제2의 자아였다고도 볼 수 있습니다.

이러한 슈페어에게 히틀러는 자신을 위한 총통 관저 설계를 맡

깁니다. 건물은 때로 건물 자체보다는 어디에 위치하고 있는가 하는 장소성이 훨씬 더 중요할 때가 많습니다. 히틀러가 자신의 총통 관저를 지을 때 여러 많은 장소 중에 하필 비스마르크의 집무 공간이 있던 자리를 선택한 것은 우연이 아닙니다. 프로이센의 철혈 재상이던 비스마르크는 히틀러가 여러모로 닮고 싶은 인물이었을 것입니다. 독일 통일의 구심점 역할을 했고 사후에도 계속 존경을 받는 비스마르크의 이미지와 자신을 동일시하기 위해서라도 굳이 그 자리를 택한 것입니다.

1938년 1월 총통 관저의 신축 계획을 발표한 후 일사천리로 진행되어 1년 만인 1939년 1월에 완공되었습니다. 독일 전역에서 수천 명의 노동자들이 강제 동원되었는데, 그중에는 나치 정권에 반대했던 정치범 수용소의 재소자들도 포함되어 있었습니다. 주된 건축 재료는 석재였는데, 각 지역의 채석장에서 베를린까지 돌을 옮기기 위해 수용소의 포로들이 강제 노역을 해야 했습니다.

슈페어는 총통 관저 설계에 열정적으로 임했습니다. 입구에는 화려하고 거대한 청동 문이 있었고 이 문을 지나 한참을 걸어가면 내부 중정이 있었는데, 슈페어는 이를 '세계 속의 세계'라는 개념으로 설계했습니다. 중정의 벽들은 창문 하나 없이 외부와 차단되어 있었고 대신 하늘로만 열린 텅 빈 공간을 계획했는데 투광 조명이 하늘을 향해 있어 신비로운 느낌을 주었습니다. 훈련 중인 병사들이 이리저리 움직일 때마다 커다란 그림자가 드리워지면서 지휘관의 구령 소리와 병사들의 발걸음 소리가 울렸습니다. 여기서도 슈페어의 연출력을 엿볼 수 있습니다.

대개 사람들은 자신의 눈을 통해 실제로 보는 것보다 소리나 그림자만 보일 때 그 존재를 더욱 크게 느낍니다. 그래서 공포 영화에서는 귀신이나 유령의 모습을 직접 보여 주기보다 소리나 그림자 혹은 뒷모습만을 보여 주는 경우가 많습니다. 사람은 외부에서 받아들이는 정보의 70%를 시각 정보에 의지하고 나머지 30%를 청각, 후각, 촉각, 미각을 통해 받아들입니다. 그런데 시각 정보가 차단되면 정보가 불충분한 상황에서 이를 보충하기 위해 상상력이 동원됩니다. 소리와 그림자만 보이는 병사들은 히틀러의 권력을 과시하기 위한 것이었고, 관저는 이를 연출해서 보여 주는 하나의 무대 장치였습니다. 중정을 지나면 한참을 걸어가야 총통을 만날 수 있는 홀이 나옵니다. 창문이 전혀 없어 더욱 위압적인 느낌을 주는 홀에는 나치의 상징인 독수리 무늬가 모자이크 장식으로 되어 있었고, 바닥은 대리석이었는데 가구나 카펫이 깔려 있지 않아 분위기는 더욱 차갑게 느껴졌습니다. 끊임없이 이어지는 복도와 홀 그리고 그 공간 끝에 있는 히틀러의 집무실은 그의 권력을 상징했습니다. 일반적으로 건물에서 가장 안쪽에 있을수록, 그래서 찾아가기가 힘들수록 그 방의 위계가 높습니다.

예를 들면 학교에는 교실과 특별 활동실 외에도 양호실, 급식실, 교무실, 서무실, 수위실, 교장실, 휴게실, 대기실 등 많은 방이 있습니다. 학교에 처음 온 사람은 일단 수위실에 가서 안내를 받은 다음 용무가 있는 방으로 찾아가게 됩니다. 그런데 찾기 쉬운 교실이나 특별 활동실에 비해 교장실은 찾아가기 어려운 깊숙한 곳에 있는 경우가 많습니다.

처음 학교를 방문한 손님이 서무실을 지나고 교무실을 지나야만 교장실에 갈 수 있다면, 다시 말해 서무실-교무실-교장실로 동선이 이루어져 있다면, 교장실은 서무실보다 위계가 높은 공간이 됩니다. 만약 서무실-교무실-대기실-비서실-접견실-교장실로 이루어져 있다면 교장 선생님을 만나기가 훨씬 어렵고 그 과정도 복잡할 것입니다. 이처럼 동선이 길고 여러 단계를 거쳐야 할수록 그 위계가 높아짐을 알 수 있습니다. 슈페어는 총통의 방까지 길고 긴 동선을 거치도록 연출했던 것입니다.

제국의 새로운 수도
'게르마니아'

나치즘의 전성기는 1930년대입니다. 1936년 8월 베를린에서 올림픽이 개최되었고 이듬해인 1937년에는 파리 만국 박람회 독일관이 크게 성황을 이루었습니다. 본래 베를린은 1916년에 올림픽을 개최할 예정이었지만 제1차 세계 대전으로 취소된 바 있습니다. 그 후 패전의 아픔을 딛고 20년 만에 개최하는 올림픽이었으니 나치로서는 체제를 선전하고 국력을 과시하기 위한 좋은 기회였습니다.

일단 베를린에 광대한 넓이로 제국 체육공원을 꾸며 경기장을 짓습니다. 관중 10만 명을 수용할 수 있는 주경기장을 중심에 두고 약 25만 명을 수용할 수 있는 5월 광장도 만들었습니다. 주변으로 수영장, 승마장, 하키 경기장 등 보조 경기장도 지었습니다. 개회식이 열린 8월 1일에는 2만 명의 히틀러 청소년단과 4만 명의 돌격대 대원들이 도열한 가운데 성화가 타올랐습니다. 그리고 바로 이 올림픽의 마지막 날에 열린 마라톤에서 한국의 손기정, 남승룡 선수가 금메달과 동메달을 획득합니다. 당시는 일제 강점기였기 때문에 두 선수는 태극기가 아닌 일장기를 달고 시상대 위로 올라야 했습니다.

한편 1937년에는 파리 만국 박람회가 열렸는데, 경쟁 관계인 독일과 소련은 여기서도 경쟁하게 됩니다. 1920년대에 소비에트 사회주의 공화국 연방인 소련이 들어섰는데 독일은 사회주의를 엄중히 금지하고 있었습니다. 따라서 박람회는 단순히 나라와 나라 간 경쟁을 넘어 어느 체제가 더 우수한가를 겨루는 장이기도 했습니다. 공교롭게도 독일관과 소련관을 서로 마주 보는 자리에 나란히 있었습니다.

독일관의 설계는 슈페어가 했는데 그 높이가 65미터에 이르렀고 맨 위에는 나치의 상징인 독수리 형상이 날개를 펼치고 앉아 있었습니다. 한편 소련관 위에는 노동자와 농민의 거대한 동상이 서 있었습니다. 한쪽이 나치즘이라는 전체주의 독재 국가라면 또 한쪽은 사회주의로 무장한 전체주의 독재 국가였습니다. 아마도 전시관 규모가 가장 컸을 두 나라는 공교롭게도 모두 삼엄한 독재 국가였습니다.

세계의 패권 국가를 꿈꾸고 있던 히틀러는 베를린이 독일의 수도를 넘어 세계 제국의 수도가 되기를 바랐습니다. 그에게 있어 20세기 독일은 '제3제국'이었습니다. 중세의 신성 로마 제국이 제1제국이었다면, 1871년 프로이센을 중심으로 통일된 독일이 제2제국이었습니다. 그리고 1933년 히틀러는 나치 독일이 다시 세계 제국이 되리라는 야욕으로 제3제국을 선언했습니다. 그는 세계 제국의 수도로서 베를린을 새로운 수도인 '게르마니아'로 변모시킬 계획을 갖고 있었습니다.

게르마니아 건설 계획의 마스터플랜을 세운 이도 슈페어였는데, 계획은 1935년에 수립되고 공사는 1943년 독일의 패망 시까지 계속 진행되었습니다. 일단 큰 계획은 베를린의 중심을 십자 모양의 큰 간선 도로로 가로지른 다음, 두 개의 환상 고속도로Autobahnring로 연결시킨다는 거였습니다. 말하자면 파리의 방사선형 도로와 빈의 링슈트라세를 결합한 형태라 할 수 있습니다. 파리의 방사선형 도로가 사방팔방으로 뻗어 나가는 12개의 도로였다면 베를린에서는 사방으로 뻗어 나가는 네 개의 도로로 압축시킨 다음, 여기에 두 개의 도심 환상 도로를 더해서 마치 과녁판과도 같은 모양이 되었습니다. 그리고 이 모든 것이 만나는 중심에는 '대전당'이라 하여 대규모 집회 공간을 두었습니다.

대전당은 가로세로 315미터의 정사각형 대지 위에 세워진 건물로 위에는 320미터 높이의 거대한 돔을 얹는다는 계획이었습니다. 끝내 지어지지는 못했지만 슈페어는 세계에서 가장 큰 돔을 꿈꾸

히틀러가 알베르트 슈페어의 설계를 통해 구상했던 세계 수도 게르마니아의 모형.

었는지도 모릅니다. 그것은 옛 로마 제국의 영광을 재현한다는 뜻이기도 했습니다. 판테온의 예에서도 알 수 있듯이 커다랗고 둥근 돔 지붕은 고대 로마 건축의 상징이었으니까요. 대전당은 전당 대회를 비롯한 각종 정치 행사를 치르는 장소로 사용될 예정이었습니다. 물론 이렇게 도시의 모습 자체를 바꾸어 놓는 대공사를 하는 과정에서 19세기 파리와 빈에서 벌어졌던 일이 또 반복되었습니다. 대략 5만 호의 주택이 철거되어 15만 명 정도의 사람이 정든 마을을 떠나야 했습니다.

나치 당원을 위한 순교 기념관을 짓다

히틀러는 베를린 외에 뮌헨을 일종의 문화 도시로 계획하고 있었습니다. 본래 독일은 여러 영방 국가로 나뉘어 있다가 뒤늦게 통일이 되었다고 앞서 이야기했습니다. 베를린이 프로이센의 수도였다면 뮌헨은 바이에른의 수도였습니다. 북부의 프로이센이 군사 강국이라면, 남부의 바이에른은 문화 강국이었다고 할 수 있는데, 실제 뮌헨과 바이에른 지역에는 루트비히 1세 시절에 지어진 아름다운 건축물이 많았습니다. 한편으로 새로운 국가가 건립되고 나면 그 국가의 역사적 정통성을 증명해 줄 박물관이나 미술관, 기념관을 짓곤 하는데, 히틀러의 독일 제국도 예외는 아니어서 뮌헨을 바로 그런 예술 도시로 만들고자 했습니다.

일단 쾨니히 광장 주변에 나치당의 주요 건물과 박물관, 미술관을 지었습니다. 대표적인 건물로 고대 조각관, 예술 전시관, 나치당 행정관 및 나치당의 중앙 당사인 브라운 하우스를 지었고, 순교 기념관도 지었습니다. 순교 기념관은 1923년 뮌헨 쿠데타에서 사망한 16명의 나치 당원을 위한 기념관으로, 일종의 국립묘지라 할 수 있습니다. 나치당은 1930년대 선거를 통해 정권을 잡았지만, 그에 앞서 1923년 쿠데타를 일으켰다가 실패한 바 있습니다. 그때 사망한 당원들의 묘지입니다.

이 실패한 쿠데타로 히틀러는 감옥에 투옥되었고, 수감 기간 중에 자서전이라 할 수 있는 『나의 투쟁』을 집필했습니다. 석방 후 히틀러는 쿠데타로는 성공할 수 없다는 사실을 깨닫고 선거를 통한 의석 확보에 전념합니다. 그러면서 대중을 동원하고자 화려하고 장엄한 전당 대회 및 열정적인 연설에 주력합니다. 그 후 권력을 잡은 히틀러로서는 쿠데타 과정에서 사망한 16명을 영웅시하여 기념관을 세우는 것이 매우 중요했습니다. 아울러 1937년 7월에는 뮌헨에 독일 미술관이 완공됩니다. 완공 기념행사로 '제1회 대독일 미술 전시회'가 열려 뮌헨이 독일의 예술 도시임을 다시 한번 분명히 했습니다.

또한 히틀러는 중세 시대 유럽의 정신적 지주격이었던 신성 로마 제국의 계승자임을 자처했습니다. 그래서 신성 로마 제국의 황제 프리드리히를 지칭하는 구호였던 "하나의 신, 하나의 교황, 하나의 황제"를 "하나의 제국, 하나의 인민, 하나의 지도자"로 변형해 사용했고 신성 로마 제국 시대의 도시였던 뉘른베르크를 중시했습니다. 실제로 뉘른베르크는 나치 집권 전인 1927년 첫 전당 대회를 개최했던 곳이자, 집권 후에도 1933년부터 1938년까지 매년 9월이면 대대적인 전당 대회를 개최한 곳이기도 했습니다. 전당 대회에 쓸 대형 행사장을 짓기 위해 1934년 슈페어가 건설 책임자로 임명되어 1935년부터 공사를 시작합니다. 그 결과 1937년 체펠린 광장과 거대한 말 편자형U자형의 중앙 단상이 완공되었는데, 이는 나치의 정치 선전에서 가장 중요한 공간이었습니다.

요약하자면 1930~1940년대 나치가 재개발과 건설에 주력했던 도시는 베를린, 뉘른베르크, 뮌헨 세 곳이었습니다. 그중 뮌헨은 예술의 도시여서 박물관과 미술관 건립에 주력했고, 뉘른베르크는

나치의 전당 대회 모습.

전당 대회를 개최하는 도시였습니다. 그리고 베를린은 명실상부 세계 제국의 수도인 게르마니아로 계획하고 있었습니다. 앞선 두 도시는 그나마 규모도 작고 1930년대 초반부터 건설되어 어느 정도 완성을 보았습니다. 규모도 훨씬 클뿐더러 1930년대 후반이라는 늦은 시기에 계획되었던 게르마니아는 미처 완성되지 못했습니다. 1945년 독일의 패망과 함께 히틀러가 지하 벙커에서 사망했기 때문입니다.

잊혀질
운명의 건물

1949년의 어느 날, 베를린의 포츠담 광장에 선이 하나 그어졌습니다. 그것은 그 선을 경계로 동쪽은 소련이 관할하고 서쪽은 영국이 관할한다는 표시선이자 동독과 서독을 나누는 분단선이었습니다. 아울러 이후 50년 동안 지속되는 냉전을 가장 상징적으로 보여주는 선이기도 했습니다. 이와 함께 프로이센 시대와 히틀러 집권 시기에 지어졌던 상징적인 건물들이 철거되었습니다. 특히 히틀러 집권 시기의 건물은 동베를린 쪽에 많았는데, 소련은 이 건물들을 가장 먼저 파괴하기 시작했습니다.

1930년대 소련과 독일이 서로 체제 경쟁을 했다고 앞서 이야기했습니다. 그렇다면 독일 패망 후에 소련이 경쟁국이던 독일의 건물들부터 철거한 것은 당연한 일이었습니다. 우선 가장 심혈을 기울여 지었던 히틀러의 총통 관저가 1949년에 철거되었습니다. 이때 나온 돌들은 이후 소련이 베를린에 소비에트 전쟁 기념관을 짓는 데 사용되었습니다.

아울러 프로이센 시대에 지어진 베를린 왕궁도 철거했습니다. 단순한 철거가 아니라 좀 더 극적인 효과를 줄 수 있도록 1950년

9월 다이너마이트로 폭파했고, 이후 그 자리엔 마르크스 엥겔스 광장을 조성했습니다. 1976년에는 왕궁 안뜰이 있던 자리에 공화국 궁전을 지었습니다. 건물 안에는 동독 의사당이 있었고 극장, 콘서트홀, 볼링장, 식당 등 일반 시민들이 사용할 수 있는 시설이 있었습니다. 왕실이 사용하던 왕궁을 헐고 대신 시민 모두를 위한 공화국 궁전을 짓는다는 과시적 건축 행위였습니다. 그뿐만 아니라 프리드리히 싱켈이 세웠던 프로이센 건축 학교도 1961년 철거되고 그 자리에 동독 외교부 건물이 새로 지어졌습니다. 이처럼 동베를린 쪽에 있던 프로이센과 히틀러 시절의 건물은 대부분 철거되고 그 자리에 사회주의 체제 선전용 건물이 들어섰습니다.

한편 서독 정부는 서베를린에 남아 있던 건물의 철거를 두고 고민했습니다. 논의 끝에 알베르트 슈페어가 직접 설계한 독일 관광 안내소는 철거되었고, 그 자리에는 1968년 미스 반데어로에가 설계한 신국립 미술관이 지어졌습니다. 그리고 제2차 세계 대전 당시 히틀러가 머물렀던 지하 벙커는 철거하는 대신 보존하기로 했습니다. 부끄러운 과거의 일이라고 해서 무조건 지우려 하지 말고 대신 나치즘의 잘못을 널리 알려 다시는 이런 일이 반복되지 않도록 하자는 의도였습니다.

이렇듯 전 정권하에서 지어진 건물은 그 정권이 무너졌을 때 대부분 철거되고 곧 새로운 건물이 지어집니다. 이런 건물들을 건축에서는 '메모리에 담나티에', 즉 '곧 잊혀질 운명의 건물'이라고 부릅니다. 개인의 욕심이나 정치적 야욕이 너무 큰 건물은 그 정권이 무너졌을 때 가장 먼저 철거되기 때문입니다. 예전 고대 로마 제국 시절 네로가 지었다가 실각 후 허물어진 호화 궁전이 그랬습니다. 그때 만약 트라야누스가 네로의 호화 궁전은 그대로 두고 다른 장소에 콜로세움을 지었다면 그렇게 극적이지는 않았을 것입니다. 폭정으로 실각한 전 황제의 궁전이 있던 자리에 새 건물을 지어야 더욱 극적인 효과가 일어나는 법입니다.

마찬가지로 소련이 베를린 왕궁을 헐고 바로 그 자리에 마르크스 엥겔스 광장을 조성한 것도 왕족 하나만을 위한 왕궁을 허물고 그 자리에 인민 모두를 광장을 짓는다는 정치적 의사 표현이었습니다. 히틀러가 자신의 총통 관저를 본래 비스마르크의 집무실이 있던 자리에 지은 것도 그렇습니다. 그 자신도 비스마르크처럼 독일을 세계 제국으로 만드는 데 지대한 공헌을 할 것이라는 암시이기도 했습니다. 하지만 총통 관저 역시 '메모리에 담나티에'였습니다. 소련이 들어와 히틀러 하나만을 위한 관저를 허물고 그때 나온 돌들로 소비에트 전쟁 기념관을 지었으니까요.

새로 지어진 건물들 역시 또 하나의 메모리에 담나티에가 됩니다. 1989년 분단의 상징이던 베를린 장벽이 철거되어 통일 독일이 되고 1991년 소련이 해체되면서 냉전이 사실상 종식되자 이제는 구동독 시절의 건축물이 철거되어야 했습니다. 통일 독일은 동독의 흔적 지우기에 열심이었습니다. 프로이센 건축 학교를 헐고 지었던 동독 외교부 청사는 1996년 철거되었습니다. 이후 프로이센 건축 학교를 복원하자는 논의도 있었지만, 더 이상 진척되지는 않았습니다. 아울러 프로이센 왕궁 터에 지었던 공화국 궁전도 철거되었습니다.

건축의 역사에는 이처럼 철거의 역사도 있습니다. 특히 베를린처럼 역사적 층위가 많은 도시일수록 철거와 신축 및 재철거와 복원이 반복되곤 합니다. 히틀러는 강력한 세계 제국을 꿈꾸며 철혈재상 비스마르크의 이미지를 차용하려 했습니다. 그러기 위해 비스마르크의 집무실이 있던 자리에 자신의 총통 관저를 지었습니다. 독일이 패망하여 베를린이 동베를린과 서베를린으로 나뉘자 동독 측에서는 동베를린에 남은 프로이센과 히틀러 시대의 건물을 철거하고 사회주의 건물을 다시 지었습니다. 50년도 채 되지 않은 냉전의 시기가 끝나자 이제 통일 독일은 동독 시대의 흔적을 지우기에 바빴습니다. 공화국 궁전이 대표적인 예입니다. 지어지는 순간부터 이미 철거가 예정된 건물, 바로 메모리에 담나티에입니다.

히틀러의 건축가, 알베르트 슈페어

알베르트 슈페어는 1905년 독일의 중산층 가정에서 태어났습니다. 아버지가 건축가였고, 친척 할아버지도 건축가였는데, 본래 수학을 좋아했지만 아버지의 권유로 건축으로 진로를 정하게 됩니다. 프로이센 건축 학교의 후신인 베를린 공과 대학을 졸업하고 조교로 있던 중에 학교를 방문하여 연설을 하던 히틀러를 보고 크게 감명을 받습니다. 그는 곧 나치당에 입당했고 1934년에는 29세의 젊은 나이로 나치당의 건축 수장이 됩니다. 슈페어는 개별 건물을 직접 설계한다기보다 행사장을 연출하는 일을 도맡아 했으며, 건축 수장이 된 이후로는 적재적소에 필요한 건축가를 지정하여 임명하는 일을 했습니다. 대표작으로는 총통 관저 설계, 세계 수도 게르마니아 계획안 등이 있습니다.

1945년 독일이 패망할 무렵, 히틀러는 선전부장 괴벨스를 비롯한 측근들과 함께 지하 벙커로 은신하는데 그때 슈페어도 있었습니다. 히틀러와 괴벨스는 지하 벙커에서 사망했지만 슈페어는 살아남았고 이후 체포되어 재판에

회부되었습니다. 1946년 10월 1일 재판에서 그는 전쟁 범죄, 인류에 대한 범죄 등이 유죄로 인정되어 20년형을 선고받았습니다. 히틀러의 측근들은 대부분 전범으로 사형을 선고받았지만 그는 사형을 면제받은 몇 안 되는 사람 중 하나였습니다. 20년을 복역하고 1966년 10월 1일에 석방된 그는 남은 세월 동안 자서전을 집필하고 자신의 설계안을 모은 작품집을 발간했습니다. 『알베르트 슈페어의 기억』이라는 제목으로 출간된 자서전은 히틀러 정권에 대한 상세한 보고서라고 할 수 있습니다.

한편 그의 여섯 자녀 중 장남이던 알베르트 슈페어 주니어도 건축가가 되었습니다. 흥미롭게도 슈페어 주니어는 나치 치하에서 학살된 유대인을 위한 기념관인 홀로코스트 건립 프로젝트에 참여한 바 있습니다.

06. 러시아 혁명이 불러온 변화

1905년 1월 9일, 한 무리의 사람들이 러시아 에르미타주 궁전 앞에 모였습니다. 배가 고프니 빵을 달라고 농민과 노동자들은 요구했지만 궁전의 치안 담당인 블라디미르 대공은 발포 명령을 내렸습니다. 왕실 친위대가 쏜 총에 서너 명이 쓰러졌고 나머지 사람들은 동료의 피를 밟아 붉게 물든 발자국을 눈밭 위에 남기며 궁전 내부까지 들어갔습니다. 이것이 바로 1917년 러시아 혁명의 도화선이 되는 '피의 일요일' 사건입니다. 그런데 이 모든 일이 벌어진 곳은 모스크바가 아닌 상트페테르부르크였습니다. 그렇다면 왜 궁전이 상트페테르부르크에 있었던 걸까요?

성 베드로의 도시,
상트페테르부르크

모스크바는 오랜 기간 러시아의 수도였습니다. 모스크바가 수도의 모습을 갖추기 시작한 것은 대략 12세기로, 이 무렵 도시 주변에 '크렘린'이라는 성채를 쌓기 시작했습니다. 13세기 몽골족의 침략 때는 불에 타기도 했지만 1480년 이반 3세는 몽골의 지배를 종식시키고 크렘린을 대대적으로 개보수합니다. 성벽을 다시 세우고 러시아가 동방 정교의 중심지임을 드러내기 위해 비잔틴 양식의 화려한 성당도 지었습니다.

이때까지만 해도 러시아는 시베리아의 빙원에 갇힌 은둔의 왕국과도 같았습니다. 하지만 17세기 말에서 18세기 초 표트르 대제 시절에 변화가 시작됩니다. 그는 문화와 기술이 발달한 서유럽 여러 나라에 사절단을 파견합니다. 자신도 신분을 숨기고 사절단에 합류해 서유럽의 문물을 배웠습니다. 1697년 프로이센에 가서 대포 조작 기술을 직접 익혔고, 네덜란드에 가서는 선박 제조 기술도 익혔습니다. 대포 조작과 선박 제조, 두 가지 중요한 기술을 직접 배운 그는 당시의 해상 강국 스웨덴을 상대로 전쟁을 벌여 네바강 하구 연안 지역을 획득합니다.

본래 이곳은 습기가 많은 늪지대이자 파도가 센 곳이어서 그다지 좋은 땅은 아니지만 한겨울에도 바다가 얼어붙지 않는 항구라는 장점이 있었습니다. 러시아는 겨울이 되면 바다가 얼어붙는 통에 외국과 교류하기가 어려웠습니다. 얼지 않는 부동항을 얻은 표트르 대제는 수도를 아예 이곳으로 옮기게 됩니다. 지도상에서 보면 모스크바는 내륙에 위치해 있었지만 새 수도는 서유럽 쪽으로 치우친 항구에 자리 잡고 있습니다. 이는 더 이상 과거와 같이 시베리아의 동토에 갇힌 은둔의 나라가 아닌, 서유럽과 활발히 교류하는 근대 국가가 되고자 하는 의지의 표현이었습니다.

네바강은 수로와 육로가 확보된 교통의 요충지이자 서유럽으로 향하는 통로이기도 했습니다. 본래 늪지대이던 곳을 돌로 메웠는데 해수면보다 낮아 건설 초기에는 홍수 때마다 큰 고생을 해야 했습니다. 늪을 메우기 위해 많은 석재가 필요했는데, 유럽 각지에서 들여왔습니다. 돌을 옮겨 오는 데만 3년이 걸렸고 그 와중에 15만 명 정도의 노동자가 사망했으니 무척 큰 공사였습니다.

표트르 대제는 이렇게 해서 지은 새 수도의 이름을 '상트페테르부르크'라 지었는데 이는 '성 베드로의 도시'라는 뜻입니다. 베드로는 기독교에서 예수의 열두 제자 중에서도 특별한 수제자로서, 베드로의 유해가 있는 산 피에트로 대성당에 로마 교황청이 있습니다. 상트페테르, 산 피에트로 등은 발음만 다를 뿐 모두 성 베드로를 의미합니다. 따라서 이는 새 수도가 기독교동방 정교의 중심지이자 로마와도 같은 국제 도시가 되리라는 염원이 깃든 이름입

상트페테르부르크. 본래 늪지대였으나 늪을 메워 도시를 건설했다.

니다.

한편 유럽에서는 사람 이름을 성경에 나오는 열두 제자나 천사, 성인의 이름을 따서 짓곤 하는데 러시아어 표트르는 페테르, 즉 베드로를 의미합니다. 따라서 상트페테르부르크는 성 베드로의 도시라는 표면적 의미 외에 '표트르 대제가 세운 도시'라는 뜻도 숨어 있습니다. 이처럼 도시 명에 사람의 이름이 붙는 것은 막강한 권력

에르미타주 박물관. 상트페테르부르크에 세워진 겨울 궁전. 이곳에서 1905년 1월 9일 피의 일요일 사건이 일어났다.

으로 급조된 계획 도시에서 주로 나타나는 현상으로 미국의 워싱턴 D. C, 베트남의 호치민 시 등이 그러한 예입니다.

이러한 상트페테르부르크에 1762년 유명한 에르미타주 궁전이 지어집니다. 이탈리아 출신의 건축가 프란체스코 바르톨로메오 라스트렐리Francesco B. Rastrelli의 설계로 지어졌는데, 당시 용도로는 겨울 궁전이었습니다. 러시아처럼 겨울이 길고 혹독한 나라에서는 겨울을 견디기 위한 건물을 따로 짓는 경우가 많습니다. 그런데 이런 건물에서 사계절을 지낼 경우 여름에는 몹시 무덥고 답답하게 느껴지므로, 겨울 궁전과 여름 궁전을 따로 지어 두고 계절별로 옮겨 가며 생활했습니다. 화려하고 아름답기로는 단연 겨울 궁전이었습니다. 1819~1829년에는 궁전 앞에 대규모 광장을 건설하고 광장 남측에 군 참모부 건물을 두고 광장에서 군사 퍼레이드를 벌이기도 했습니다. 하지만 이즈음부터 러시아 사회는 조금씩 갈등이 깊어지기 시작합니다.

러시아는 19세기 중반까지 농노제가 남아 있었습니다. 중세의 종말과 함께 농노제가 사라진 서유럽과 비교하면 상당히 뒤쳐진 셈입니다. 1861년에야 농노 해방령이 공포되었지만 대신 조건이 있었습니다. 농민은 농노 해방에 대한 보상 형식으로 원래 지주에게 49년 동안 상환금을 지불해야 했으니 생활은 별반 달라지지 않았습니다.

또한 1860~1870년대에는 철도를 건설하고 1880~1890년대에는 광산과 제철 산업을 발전시키는 등 국가 주도의 중공업이 발전합니다. 19세기 말에서 20세기 초 산업 노동자는 약 200만 명에 이르는 등 그 수가 급증합니다. 그러면서 조금씩 사회주의 사상도

싹트고 있었지만 정부는 이에 대해 아무런 대책도 내놓지 않고 있었습니다. 이탈리아와 독일도 후발 공업국이었고 급격한 노동자 증가로 사회주의 사상이 퍼지기 시작하자 무솔리니와 히틀러는 사회주의를 엄중히 단속하면서 파시즘과 나치즘이라는 강압적인 정책을 실시했습니다.

한편으로 스웨덴이나 노르웨이 같은 북유럽 국가들도 뒤늦게 공업화가 시작된 후발 공업국이지만 이들은 강압적 전체주의 대신 복지 정책을 실시하여 큰 사회적 동요 없이 왕정을 유지할 수 있었습니다. 지금도 복지 정책이 가장 잘 마련된 곳이 주로 북유럽 국가들인 것도 이 때문입니다. 말하자면 이탈리아, 독일은 사회주의 혁명이 일어날까 봐 이를 극도로 억압하는 정책을 펼쳤다면, 북유럽 국가들은 사회주의 혁명이 일어나지 않도록 미리 복지 정책을 실시했습니다. 겉으로 보면 정반대의 정책인 것 같지만 실은 모두 위에서부터 추진한 개혁이라는 공통점이 있습니다.

하지만 러시아는 강압 정책이든 복지 정책이든 아무런 대책도 내놓지 않고 있었습니다. 위로부터의 개혁은 하지 않은 채 뒤늦은 제국주의 팽창 정책을 펼치다가 아시아에서 일본과 격돌하게 됩니다. 이것이 바로 러일 전쟁인데, 이 전쟁에서 패하면서 그해 겨울 아래로부터의 혁명이 일어납니다. 1905년 1월 9일, 시위대는 겨울 궁전까지 쳐들어왔고 왕실은 이들에게 총까지 쏘면서 강경하게 진압했습니다. 이때 시위는 진압되었지만 그 불씨는 남아서 1917년 2월과 10월에 다시 한번 큰 혁명이 일어납니다. 이를 볼셰비키 혁명이라 하는데, 이 일로 황제 니콜라이 2세가 후계자 없이 퇴위했고 그 후 러시아는 레닌을 지도자로 하는 소비에트 사회주의 연방 공화국, 즉 소련이 됩니다.

레닌과 스탈린의 소련

레닌이 권력을 잡은 시기는 1917년 10월에서 1924년 1월까지, 6년 남짓의 짧은 기간입니다. 이때는 소련이라는 새로운 국가의 형성기라 할 수 있는데 가장 먼저 한 일은 수도를 기존의 상트페테르부르크에서 모스크바로 다시 옮기는 일이었습니다. 상트페테르부르크는 겨울 궁전을 보아서도 알 수 있듯이 화려한 왕실과 귀족들의 도시였습니다. 이는 사회주의 공화국에서 내세우는 이념과 맞지 않았기 때문에 화려한 상트페테르부르크를 떠나 보수적인 모스크바로 간 것입니다.

일반적으로 새로 들어선 정부가 굳이 수도를 새로 옮겼다면 이는 그 정부가 몹시 개혁적인 경우에 해당합니다. "새 술은 새 부대에 담으라"는 말도 있듯이, 구체제와 완전히 결별을 선언하면서 수도를 옮기곤 합니다. 전제 군주와 귀족들의 나라였던 러시아와 노동자와 농민이 주인인 소련은 도저히 양립할 수 없는 체제였기에 수도는 다시 모스크바로 옮겨집니다. 그리고 여기서 사회주의 공화국을 건설하는 작업을 시작합니다.

일단 토지와 주택, 재산을 모두 국유화했습니다. 1917년 11월 모든 주택을 국가가 몰수했고 1918년 1월에는 은행, 공장 및 상업 시설을 국유화하고 2월에는 토지를 국유화합니다. 공산주의 이론에 따르면 빈부의 격차가 생겨 이것이 계급화되는 이유는 토지, 공장과 같은 생산 수단을 개인이 소유하기 때문이라고 했습니다. 따라서 생산 수단과 재산은 개인이 아닌 국가가 소유해야 한다고 주장하고 있습니다. 이에 따라 파리나 베를린 같은 서유럽의 도시들과는 전혀 다른 도시 계획이 적용되었습니다.

파리의 에투알, 빈의 링슈트라세 등 대개의 도시는 둥그스름한 형태를 띠고 있습니다. 가운데 도심이 있고 이를 중심으로 점차 동심원을 그리며 확장되는 형태로 계획되었기 때문입니다. 그런데 사회주의 국가에서는 동심원이 아닌 선형線形 도시 구조를 가지고 있습니다. 이는 밀류틴의 선형 도시 이론에 강하게 영향을 받았기 때문입니다. 구체적으로 보면 도시는 철도를 따라 긴 직선 형태로 계획됩니다. 철도는 원자재와 완제품 등 물류 이송을 목적으로 하기 때문에 철도 인근에 공장을 배치합니다. 공장은 공기 오염과 소음을 유발하기 때문에 이를 차단하기 위해 공장을 따라 녹지를 선형으로 조성합니다. 그리고 이 선형의 녹지를 따라 주택가를 배치합니다. 이렇게 되면 주민들은 집과 공장이 가까이 있어 매우 편리하며 출퇴근을 할 때도 녹지 공간을 통과하게 되므로 건강과 환경에도 좋다는 이론입니다.

결론적으로 도시는 둥그스름한 형태가 아니라 긴 띠 모양이 되므로 선형 도시 혹은 대상帶狀 도시라고도 합니다. 자연 발생적인 동심원 도시의 경우에는 필연적으로 중심부와 주변부가 생기는데, 이는 주거지에 따른 빈부 격차를 유발합니다. 대개 19세기까지는 중심부에 부유층이 살고 주변부에는 서민층이 살았습니다. 그러다가 20세기가 되면 도심 공동화 현상이 발생하여 도심부에는 빈곤층이 살고 중산층은 교외의 쾌적한 주거지로 빠져나가는 현상이 발생합니다. 부유층이 중심부에 살든 외곽에 살든 원형 도시는 빈부 격차에 따라 사는 곳이 달라집니다. 즉 주거의 계급화가 발생하는데, 특정 중심 다시 말해 도심이 없는 선형 도시에서는 주거지에 따른 계급화가 생기지 않습니다.

물론 이론적으로 그렇다는 이야기인데, 사회주의 국가는 도시계획에 있어 밀류틴의 영향을 많이 받았습니다. 공장을 선형으로 분산 배치한 다음 공장 근처의 집을 제공해 주는 방식입니다. 이렇게 되면 집과 직장이 매우 가까워져서 자동차가 아닌 도보나 자전거로 통근할 수 있게 됩니다. 그래서 사회주의 국가인 중국의 베이징이나 베트남의 도심 풍경에서 자동차보다 자전거가 더 많이 눈에 띄는 것도 이 때문입니다. 또한 소련에서는 신도시도 많이 조성했는데, 건국 직후인 1917년부터 1990년까지 70여 년 동안 1200개의 신도시를 건설했습니다. 이는 세계에서 가장 많은 수에 해당합니다. 이처럼 소련은 건국 초기라 할 수 있는 레닌 집권기에 나름 참신한 계획을 가지고 새로운 국가를 건설하고 있었지만, 레닌 사후에 스탈린이 집권하면서 1인 독재에 의한 교조주의 국가로 변하게 됩니다.

1924년 1월 21일 레닌이 사망하고 사흘 뒤인 24일 그의 장례식이 치러지는데 이때 운구자 행렬 가운데에 스탈린이 있었습니다.

이후 레닌은 스탈린에 의해 신격화되기 시작합니다. 1924년에 레닌 연구소가 문을 열었고 레닌 박물관도 개관했습니다. 무엇보다 그해 상트페테르부르크는 레닌의 마을이라는 뜻인 '레닌그라드'로 이름이 바뀝니다. 본디 상트페테르부르크는 네바강 하구의 조그만 마을이었다가 표트르 대제가 수도로 삼은 뒤 개명을 했다고 말한 바 있습니다. 그런데 이곳을 또다시 레닌그라드로 개명한 것은 레닌을 성 베드로 내지는 표트르 대제의 반열에 올린 것이나 다름없습니다.

사실 1월 24일에 치러진 장례에서 레닌은 임시 영묘에 안치되었을 뿐 시신은 그 자리에 없었습니다. 그의 시신은 연구소로 옮겨졌고 뇌를 분리한 다음 3만 개에 달하는 표본으로 만들어 보관했습니다. 그뿐만 아니라 그해 3월 시신은 방부 처리되어 만인에게 공개되었습니다. 이는 동서고금을 통틀어 유래가 없는 기상천외한 일이었습니다. 일찍이 신과 동일시되었던 고대 이집트의 파라오도 사후에 시신을 방부 처리하여 미라로 만들긴 했지만, 그 시신을 결코 공개하여 전시하지는 않았습니다.

모스크바 붉은 광장 앞에 있는 크렘린 궁전과 레닌 영묘. 중세풍의 크렘린 궁전 앞에 현대적인 사각형의 레닌 영묘가 마련되어 있다.

대성당 자리에 들어선 소비에트 인민 궁전

왕이건 그 누구이건 시신을 방부 처리하여 누구나 볼 수 있도록 만천하에 공개한 것은 레닌이 처음일 것입니다. 그뿐만 아니라 5년 후인 1929년에는 사다리꼴의 피라미드형 구조물인 '지구라트'를 연상시키는 커다란 영묘를 만들어 시신을 이곳에 안치했습니다. 영묘를 설계한 건축가는 알렉세이 슈세프였는데, 1920년대 러시아에서 유행했던 구성주의 양식에서 영향을 받아 설계했습니다. 지구라트는 고대 메소포타미아 시대의 왕의 무덤입니다. 지구상에서 가장 오래된 무덤의 형태를 모방해 20세기에 다시 지은 레닌의 영묘는 기념관이자 전망대 역할도 했습니다. 레닌의 영묘 앞에는 붉은 광장이 마련되어 있었는데, 군사 퍼레이드가 벌어질 때면 스탈린은 영묘의 옥상에 올라 사열을 받았습니다.

1924년에 사망한 레닌의 시신은 지금도 부패하지 않고 보존되어 있는데, 이에 대한 지속적인 관리는 러시아 영원화 연구소가 담당하고 있습니다. 그리고 이는 주변의 사회주의 국가에도 영향을 미쳤습니다. 베트남의 호치민1969년 사망, 북한의 김일성1994년 사망 및 김정일2011년 사망 시신의 방부 처리를 러시아의 영원화 연구소가 담당했으며 지금도 정기적으로 보존 처리를 하고 있습니다. 다만 중국은 마오쩌둥을 자체 기술로 방부 처리한 것으로 알려져 있습니다. 스탈린의 레닌 신격화는 마치 이탈리아의 무솔리니가 2000년 전에 사망한 아우구스투스 황제의 영묘와 아라 파키스를 복원한 것과 비슷합니다. 자기 자신을 직접 신격화하는 대신 다른 사람을 신격화해 놓고 후계자임을 자처하면서 그 자신도 저절로 신격화되는 방법을 사용한 것입니다. 레닌이 사망하고서 1928년부터 권력을 잡은 스탈린은 서서히 야욕을 드러내 1인 독재를 시작합니다.

본래 사회주의 국가의 꿈이자 지상 최고의 목표는 전 세계의 프롤레타리아들이 단결하여 사회주의 공화국을 건설하는 것이었습니다. 레닌은 이를 위해 노력했지만 스탈린은 세계 혁명보다 러시아의 근대화를 우선 과제로 삼고 공업화를 추진합니다. 화학, 자동차, 기계, 항공, 기계, 전기 등에 주력하면서 콤비나트라 불리는 대규모 공업 단지를 조성했습니다. 산업 구조가 지나치게 중공업에 집중되고 경공업을 소홀히 한 나머지 내수용 소비재가 부족하게 되었습니다.

또 농업의 집단화를 실시하여 1941년까지 25만 개의 집단 농장에서 1900만 세대가 농업에 종사하게 했습니다. 소련의 두 가지 기간 산업이라 할 수 있는 농업과 공업을 국유화한 것입니다. 그 다음에는 선전용 건물을 짓기 시작했는데, 대표적인 것이 소비에트 인민 궁전입니다

1931년 스탈린은 모스크바에 있던 구세주 대성당을 헐고 그 자리에 소비에트 인민 궁전을 짓기로 합니다. 이것 역시 장소성의 문제입니다. 빈 땅에 짓는 것보다 본래 있던 대성당을 헐고 바로 그 자리

모스크바에 있는 구세주 대성당. 본래 제정 러시아 시절에 지었다가 스탈린 시절 폭파되었지만 1990년대 19세기풍으로 다시 복원해 지었다.

에 인민 궁전을 짓는 것이 훨씬 더 상징성이 크기 때문입니다. 모스크바 구세주 대성당은 매우 유서 깊은 성당입니다. 1812~1814년에 나폴레옹이 러시아를 침공해 왔는데 러시아는 이때 프랑스를 격퇴했고 1817년 이것을 축하하기 위해 황제 알렉산드르 1세가 성당을 짓기로 했습니다.

국민들의 성금을 모아 1883년 완공된 뜻깊은 성당이었습니다. 높이는 110미터에 이르러서 런던의 세인트폴 대성당과도 맞먹었습니다. 하지만 스탈린은 제정 러시아 시대에 지어진 모든 상징적 건물들을 없애고 싶어 했습니다. 명목상으로는 모든 인민이 평등한 사회주의 국가에서 과거 계급 사회의 기억을 떠올릴 만한 잔재들은 없애 버린다는 취지였습니다. 황제와 귀족들만을 위한 대성당을 허물고 그 자리에 인민 모두를 위한 인민 궁전을 짓는다, 이것은 일찍이 트라야누스 황제가 네로 하나만을 위한 호화 궁전을 허물고 그 자리에 시민 모두를 위한 경기장을 지었던 것과 똑같은 정치적 의사 표현이었습니다. 그러려면 철거 장면도 화려해야 했습니다.

1931년 12월, 구세주 대성당은 다이너마이트 폭파 공법으로 철거됩니다. 그 자리에 새로 건설될 소비에트 궁전은 공산당 청사와 세계 혁명 박물관으로 이루어진 복합 단지였고, 이를 위해 국제 현상 설계 대회를 개최합니다. 여기에 참여했던 이들 중에는 발터 그로피우스, 오귀스트 페레, 르 코르뷔지에 등 근대 건축의 거장으로 알려진 서유럽의 건축가들도 많았지만 당선작은 러시아 건축가인 보리스 이오판Boris Iofan의 것이었습니다. 당선작은 규모는 물론 모든 면에서 어마어마했습니다. 높이만 389미터였으니 당시 최고라 알려진 뉴욕의 엠파이어스테이트 빌딩보다도 더 높았습니다.

꼭대기에는 거대한 레닌 동상을 설치하기로 하고 1935년부터 공사가 시작되었습니다. 1938년 지반 공사가 완공되고 골조가 11층까지 올라갔는데, 건물은 결국 완공되지 못했습니다. 제2차 세계대전이 일어나 1941년 독일이 소련을 침공해 왔기 때문입니다. 건설은 중단되었고 11층까지 올렸던 건물의 골조는 전쟁 물자 충당을 위해 뜯겨 나갔습니다. 전쟁이 끝나고 1953년 스탈린이 사망하자 이후 흐루쇼프가 집권했지만 중단되었던 공사는 재개되지 않았습니다. 대신 건물터를 허물고 야외 수영장으로 개조했는데, 당시 세계에서 가장 큰 야외 수영장이라는 타이틀이 붙기도 했습니다.

소련의 해체,
러시아의 재등장

1990년대 소련은 사회주의 체제의 모순이 드러나면서 결국 해체되기에 이릅니다. 위성국들이 모두 독립하고 소련은 다시 러시아가 되었습니다. 붉은 광장에 세워졌던 레닌의 동상은 사회주의의 종식을 고하며 끌어 내려졌습니다. 아울러 과거 소련 시절의 상징적인 건물들이 또 한번 철거되어야 했습니다. 그런데 그 시절 가장 상징적 건물이었던 소비에트 인민 궁전은 계획만 하고 완공되지는 않았으니, 이럴 때는 어떻게 해야 할까요? 본래 있던 성당을 헐고 인민 궁전을 지으려 했으니, 그 자리에 새로운 성당을 다시 짓기로 했습니다. 이 프로젝트를 담당한 것은 1990년 당시 모스크바 시장이던 유리 루시코프였고, 성당 건설은 조각가인 주라프 체레텔리

Zurab Tsereteli가 맡아 19세기 풍으로 다시 복원했습니다. 그리고 당시 대통령이던 보리스 옐친이 공사의 초석을 놓아 1997년에 완공했습니다. 따라서 지금 모스크바에 있는 구세주 대성당은 1997년에 지어진 것입니다.

흔히 도시는 팰림시스트Palimpsest와도 같다는 말을 합니다. 팰림시스트는 '여러 번 반복해서 사용하는 양피지'라는 뜻입니다. 중세 유럽에서는 아직 종이가 보급되지 않아서 성경이나 중요한 기록은 양가죽을 얇게 잘라 만든 양피지를 이용했습니다. 이때는 종이에 글씨를 쓴다기보다 가죽 위에 글씨를 새긴다고 하는 편이 더 정확하겠습니다. 양피지는 매우 비쌌기 때문에 여러 번 재활용했습니다. 한번 문서를 기록한 뒤 폐기하는 것이 아니라 양피지 표면을 다시 칼로 긁어낸 뒤 새 문서를 다시 기록하는 방식이었습니다. 이러기를 서너 번 반복하여 양피지가 얇아져서 더 이상 글자를 새길 수 없을 지경이 될 때까지 썼습니다. 이렇게 반복해 사용했던 양피지를 팰림시스트라고 합니다. 그런데 역사가 오래된 도시일수록 팰림시스트와 같다는 생각이 듭니다.

로마는 2000년이 넘는 역사적 층위가 있는 도시입니다. 로마라는 양피지 위에 새겨진 첫 번째 기록은 고대 로마의 건물들일 것입니다. 교황의 도시였던 중세 로마는 두 번째 기록들일 것입니다. 그리고 1920년대 파시즘의 도시가 되었을 때 무솔리니는 세 번째 기록을 하기 위해 과거의 기록들을 지워 냈습니다.

베를린 역시 본래 프로이센의 수도였다가 나치즘의 도시가 되었고 이후에는 동베를린, 서베를린으로 나뉘어 있다가 1990년 다시 통일 독일의 수도가 되었습니다. 그럴 때마다 새 정부는 과거의 흔적을 지우기에 바빴습니다. 상트페테르부르크는 소련 시절 레닌그라드로 불리다가 소련이 해체되고 나서야 다시 원래 이름을 되찾았습니다. 모스크바의 구세주 성당은 제정 러시아 시절에 지어졌다가 스탈린 시절에 다이너마이트로 폭파되고 그 자리에 소비에트 인민 궁전이 들어설 예정이었습니다. 하지만 완공도 되지 못한 채 백지화되고 자유 경제 시대에 옛 성당이 다시 복원되어 지어졌습니다. 한번 기록하고 난 뒤 전혀 다른 기록을 새로 하는 것이 팰림시스트인데, 한번 기록을 하고 난 뒤 그 기록을 다이너마이트로 지워 내고 똑같은 기록을 다시 한번 반복하는 팰림시스트도 있다는 생각이 듭니다.

피라미드와 지구라트

지구라트는 메소포타미아 문명권에서의 왕의 무덤을 말하는데, 이집트의 피라미드와 비슷하다고 할 수 있습니다. 흔히 이집트의 피라미드만 널리 알려져 있지만 메소포타미아 문명이 시기적으로 앞서고 피라미드도 지구라트에 영향을 받아 만들어진 것으로 추정됩니다. 형태상으로는 조금 차이가 있어서 피라미드가 끝이 뾰족한 삼각형 모양이라면, 지구라트는 끝부분이 평평한 사다리꼴 형태입니다. 따라서 지구라트 위에는 평평한 옥상이 생기는데, 이곳은 신전의 용도로 사용되었습니다. 주로 사제들이 거주하면서 펌프로 물을 끌어 올려 화초를 심고 정원으로 꾸몄습니다.

지구라트. 이집트에 피라미드가 있다면 메소포타미아에는 지구라트가 있었다.

흔히 고대 세계의 일곱 가지 불가사의로 알려진 것 중 하나로 바빌론의 공중 정원이 있는데, 바로 이 지구라트를 말합니다. 공중 정원이라고 해서 허공 위에 떠 있는 정원이 아니라 지구라트 위에 꾸며진 옥상 정원을 말합니다. 펌프로 물을 끌어 올려 조성한 정원은 당시의 기술 수준으로는 대단한 것이었습니다. 사막 위에 마련된 옥상 정원, 실제 그곳은 천상의 세계로 보였을 것입니다. 스탈린이 바로 이 지구라트를 재현한 듯한 레닌 영묘를 만들고 그 위에서 사열을 받았다는 것은 우상화의 한 단면을 보여 줍니다.

07. 일본 근대화와 식민 침탈

1871년 12월 23일 한 무리의 사람들이 배를 타기 위해 요코하마 항구에 모여 있었습니다. 사회 각계각층에서 선발된 107명의 일행이 증기선을 타고 태평양을 건너 미국 샌프란시스코까지 가는 길이었으니 대규모의 여행단이었습니다. 기간도 길어서 1871년 12월부터 1873년 10월까지 2년여에 걸쳐 미국과 유럽 각국을 둘러보기로 계획되어 있었습니다. 이 여행단의 이름은 대표자의 이름을 따서 이와쿠라 사절단이라고 했고, 그중에는 이제 갓 서른 살이 된 이토 히로부미도 끼어 있었습니다. 107명의 일본인이 이렇게 긴 여행을 떠난 이유는 무엇이며, 젊은 날의 이토 히로부미는 이 여행을 통해 무엇을 보았을까요?

지방 군부 정권인 쇼군 체제의 붕괴

일본의 수도는 도쿄인데 사실 수도로서의 역사는 150년에 불과해 비교적 짧습니다. 본래 도쿄는 에도江戸라고 불리는 조그만 어촌 마을이었습니다. 그러다가 1603년 도쿠가와 이에야스가 에도에 막부를 건설하면서 역사의 무대에 등장하기 시작합니다. 막부幕府는 번藩, 일종의 지방 군사 정권의 주둔지를 말하는 것으로, 도쿠가와 이에야스가 에도에 주둔지를 마련했다는 뜻입니다. 일본의 정치 체계는 동아시아 국가인 한국, 중국과는 달랐습니다.

영화나 드라마에서 묘사되는 한국 사극과 일본 사극은 사뭇 다릅니다. 한국 사극은 왕을 중심으로 정승과 판서 등 중앙 관직에 오른 사람들이 주로 나옵니다. 그런데 일본 사극은 왕보다는 쇼군將軍이라 불리는 장군을 중심으로 여러 무사가 나오며, 주로 이 무사들이 다른 지방의 무사와 벌이는 전투가 이야기의 주류를 이룹니다. 한국은 조선 초기부터 왕을 중심으로 하는 중앙 집권 체제가 완성되었고 과거제를 통해 주류 사회로 진출하는 관료제 사회였습니다. 하지만 일본은 왕이 있긴 했지만 실권의 거의 없는 허수아비 같은 존재였습니다. 실질적 권력은 각 지방의 쇼군들이 가지고 있었으며 이들이 휘하의 무사를 통해 농민을 지배하는 구조였습니다. 그러고 보니 이는 각 지방의 영주들이 기사를 고용해 실질적 대민 지배를 했던 유럽의 봉건제와 매우 유사함을 알 수 있습니다.

이처럼 일본은 지방 분산 권력이다 보니 서로 간에 소소한 다툼이 많았고 사극 역시 주로 이런 이야기들을 다루고 있는 것입니다.

그런데 대략 16세기 말 오다 노부나가織田信長 쇼군이 일본 본토인 혼슈本州 지역을 불완전하게나마 통일합니다. 전쟁이 끊이지 않던 지역에 갑자기 평화가 찾아오자 문제가 생깁니다. 기존의 무사들이 할 일이 없어졌다는 거였습니다. 이들이 지방 농민을 착취하거나 혹은 중앙 권력을 향해 반란을 일으킬 수도 있었습니다. 이에 다음 쇼군인 도요토미 히데요시豊臣秀吉는 눈길을 외국으로 돌려 정명가도라는 명분 아래 임진왜란을 일으키기도 했지만 이 전쟁은 큰 소득 없이 끝나 버립니다. 그러자 다음 쇼군인 도쿠가와 이에야스德川家康는 전쟁 대신 내치에 힘쓰기로 하고 1603년 에도에 막부를 개설합니다.

당시 일본의 수도는 교토京都로서 일왕은 이곳에 거처하고 있었지만, 실세인 도쿠가와 이에야스가 에도에 머물기 시작하면서 에도는 크게 성장하기 시작했습니다. 또한 그는 지나치게 비대해진 지방 쇼군들의 세력을 견제하기 위해 이들을 다이묘大名로 명칭을 변경해 중앙 귀족화시키고 다이묘의 가족들을 인질 삼아 에도에 거주하게 했습니다. 이는 지방 호족 세력을 견제하기 위한 신라의 상수리 제도, 고려의 기인 제도와 비슷합니다.

아울러 참근 교대제參勤交代制라 하여 지방의 각 다이묘는 에도와 지방 영지에서 1년씩 교대로 근무하게 했습니다. 이렇게 되자 다이묘는 많은 무사를 거느리고 지방과 에도를 오고 가느라 많은 경비를 지출하면서 경제적 사정이 어려워졌습니다. 그뿐만 아니라 각 지방 다이묘의 가족들이 모두 에도에 살다 보니 서로 미묘한 경쟁이 일어나기도 했습니다. 거주하는 집들이 점점 크고 화려해졌고 부인과 딸들의 사치 경쟁도 심해졌습니다. 각 다이묘는 체면치레를 위해서라도 울며 겨자 먹기로 사치를 할 수밖에 없었으니, 화려한 겉모습과는 달리 경제적으로는 곤궁해졌습니다. 그럼으로써 지방 쇼군들의 세력이 약화되었습니다.

이는 프랑스 루이 14세 시절 지방 영주에게 귀족 작위를 주어 중앙 귀족으로 흡수시킨 다음 이들을 일종의 행정 도시라 할 수 있는 베르사유에 살게 했던 방식과 비슷합니다. 그 결과는 일본도 비슷했습니다. 귀족끼리 서로 사치 경쟁을 벌이면서 고급 의류와 화장품 산업이 발달해 지금도 명품 브랜드의 대부분을 프랑스 제품이 차지하듯, 에도 역시 의류, 나전 칠기, 도자기를 비롯한 고급 사치품 시장이 발달했습니다. 아울러 참근 교대제로 인해 독신의 젊은 하급 무사들이 에도에 많이 거주하면서 이들을 겨냥한 식당이나 술집 등 유흥 문화도 크게 발달했습니다. 도쿠가와 가문은 1603년 이래 대대로 쇼군직을 세습했으니 실질적으로 왕이나 다를 바 없었습니다. 그러던 어느 날 도쿄 앞바다에 낯설고 이상한 배들이 찾아왔습니다.

메이지 일왕이 이끈
'위로부터의 개혁'

1853년 미국의 페리 제독이 이끄는 네 척의 함대가 대포로 무장한 채 도쿄 앞 우라가 해안가에 정박해 개항을 요구했습니다. 제국주의 침략이 시작된 것입니다. 사실 일본도 서구 열강의 배를 이날 처음 본 것만은 아니었습니다. 앞선 1543년에는 포르투갈 함선들이 오더니 1549년에는 가톨릭 선교사들이 들어와 포교 활동을 시작했습니다. 위기감을 느낀 도쿠가와 막부는 기독교를 금지하고 외국인을 추방한 다음 1635년부터 엄격한 쇄국 정책을 실시합니다. 막부가 허용한 외국인 교역자는 네덜란드 상인으로서 이들은 나가사키항에서만 머물 수 있었습니다.

이처럼 1635년 이래 220년 가까이 쇄국 정책을 실시했는데,

1854년 3월 8일 페리 제독이 현재 요코하마 인근의 가나가와를 방문한 모습. 석판화.

1853년 페리 제독이 나타나 개항을 요구한 것입니다. 그리고 이듬해인 1854년 3월 31일 미일 화친 조약을 체결하게 되는데, 이는 일본의 입장에서 보면 불리한 조약이었습니다. 그래서 이 불평등 조약을 파기하고 예전처럼 외국인을 배척하고 왕을 바로 세우자는 존왕양이尊王攘夷 운동이 활발해집니다. 이에 도쿠가와 막부는 어쩔 수 없이 1867년 정치적 실권을 왕에게 넘기는 이른바 대정봉환大政奉還을 실시하면서 260여 년 동안 지속되었던 도쿠가와 막부 체제가 종식됩니다.

이때 실권을 넘겨받은 왕이 바로 15세의 연소한 나이로 즉위한 메이지 일왕입니다. 그는 이듬해인 1868년 10월 13일 수도를 기존의 교토에서 에도로 옮기고 그 이름을 도쿄라 개칭합니다. 아울러 1869년에는 판적봉환版籍奉還이라 하여 지방 다이묘 소유의 영지와 농민을 왕에게 반납하도록 하고, 1871년에는 폐번치현廢藩置県이라 하여 지방의 번을 폐지하고 새롭게 현을 두어 다스리도록 합니다. 이러한 메이지 왕의 개혁 정책을 메이지 유신이라고 합니다. 1871년은 프로이센이 보불 전쟁에서 승리하고 독일이 통일된 해이기도 한데, 이 시기 일본도 '위로부터의 개혁'을 실시한 것입니다.

도쿠가와 막부가 엄격한 쇄국 정책을 실시했다면, 메이지 일왕은 외국에 대해 적극적인 개방 정책을 실시합니다. 그 일환으로 1871년 12월에 107명에 이르는 대사절단 이른바 이와쿠라 사절단을 파견하여 미국과 유럽의 발달한 문물을 배워 오도록 했습니다. 이는 본래 18세기 러시아의 표트르 황제가 서유럽에 사절단을 파견하여 선진 문물을 배우게 한 후 러시아를 개혁했던 선례를 따른 것입니다. 프로이센, 러시아는 후발 공업국으로서 위로부터의 개혁을 통해 근대화를 이루었다는 공통점이 있는데, 일본도 이 모델을 따랐습니다. 107명의 사절단 중에 특히 다섯 명의 핵심 인물이 있었는데, 그중 한 명이 바로 이토 히로부미였습니다.

이들은 2년여에 걸쳐 미국과 유럽 12개국을 견학하게 됩니다. 먼저 미국에 도착하여 워싱턴을 둘러본 다음 1872년 파리에 도착했고, 1789년의 프랑스 대혁명과 1848년 혁명, 산업 혁명에 대해 자세히 알게 됩니다. 그리고 1873년에는 베를린에 도착하여 당시 재상이던 비스마르크를 회견하는데, 이때 이토 히로부미는 프로이센이 중심이 되어 독일 제국을 만드는 과정에 대해 소상하게 들으면서 큰 감동을 받게 됩니다. 프로이센과 일본은 정치적 모델이 가장 유사했기 때문입니다. 일본 입장에서는 1789년 대혁명을 일으켜 왕과 왕비를 처형하고 공화정을 이룩한 프랑스 모델은 결코 따라갈 수가 없었습니다. 오히려 그러한 아래로부터의 혁명이 일어나 왕이 처형되는 일이 일어나지 않도록 단속해야 했습니다.

한편 독일은 작센, 하노버, 바이에른 등 300여 개에 이르는 군소 왕국들이 프로이센을 중심으로 통일되어 제국을 이루었습니다. 이는 과거 일본이 각 지방 번들의 통합체였다가 홋카이도부터 오키나와까지 하나의 통일 왕국을 꿈꾸는 당시 상황으로서는 가장 완벽한 정치적 모델이었습니다. 특히 빌헬름 황제가 수장으로 있으면서 철혈 재상 비스마르크가 실질적 개혁을 이루었던 상황을 보면서, 젊은 이토 히로부미는 일본의 비스마르크가 되고자 했습니다. 실제로 그는 귀국 후 총리대신, 추밀원 의장추밀원 회의를 주재하는 의장 등 주요 요직을 거치며 메이지 정부의 핵심 인물로서 개혁을 주도하게 됩니다.

사절단은 특히 공장을 많이 시찰했는데, 영국의 53개소, 미국의 20개소를 포함 모두 100여 군데의 공장을 둘러봅니다. 또한 세계 각국의 동물원, 박물관, 공원을 견학하고 오스트리아 빈에서 만국 박람회를 보고 돌아옵니다. 유럽 각국 중에서 독일이 가장 알맞은 모델이라 생각한 일본은 이후 독일로 유학생을 대거 파견하여 의학, 과학, 법학, 공학 등을 배워 오게 합니다. 또한 1889년에는 독일의 헌법을 참조하여 일본 헌법을 제정하는데 이 일에 이토 히로부미가 주도적 역할을 합니다. 이로써 일본은 입헌 군주제 국가가 되었고 이에 따른 새로운 시설이 필요해졌습니다.

프로이센을 모방한
일본 근대 건축

입헌 군주제에 따른 의회 정치를 하게 되자 우선 제국 의회 의사당 건물이 필요해집니다. 1890년 11월 29일에 첫 의회가 개원하는데 의사당 건물도 이에 맞추어 지어졌습니다. 설계는 독일 제국 의회 의사당 건설 프로젝트에 참여한 경험이 있는 엔데-보크만Ende & Bockmann 설계 사무소가 담당했습니다. 가로 너비가 180미터에 달하는 대형 건물로서, 정가운데는 둥근 돔을 얹은 정확한 좌우 대칭의 건물입니다. 전체적인 모습은 이미 1870년대 프로이센에 지어진 제국 의회 의사당 건물과 상당히 비슷했습니다. 일본이 정치적 모델이 비슷한 프로이센의 여러 제도를 모범적 선례로 삼으면서, 건축 역시 독일 제국 의회 의사당을 모방하여 지은 것이라 볼 수 있습니다.

입법 기관인 의사당 건물을 지었으니 이제 재판소 건물도 지어야 했습니다. 도쿄 재판소 역시 엔데-보크만 설계 사무소가 담당했고 이 또한 강건한 프로이센의 이미지를 담았는데 1896년에 준공되었습니다. 아울러 사법성 청사 역시 같은 사무소의 설계로 지어졌으며, 둘 다 좌우 대칭이 명확한 네오르네상스 양식으로 전체적으로 프로이센의 영향을 많이 받았습니다.

의회 의사당, 재판소, 사법성 건물이 새로운 국가의 정치를 담당하는 곳이라면, 경제를 담당하는 건물 즉 화폐 발행을 독점하는 국책 은행도 필요했습니다. 다쓰노 긴고辰野金吾의 설계로 일본은행

도쿄역. 20세기 초반의 기차역은 그 도시의 인상을 결정짓는 가장 중요한 곳으로, 요즘의 국제 공항에 해당했다.

이 1896년에 준공되었는데, 전체적으로 프랑스풍 신고전주의 양식의 3층 건물입니다. 앞서 말한 정치적 건물의사당, 사법성, 재판소이 독일계 회사인 엔데-보크만의 설계로 지어져 프로이센풍이 강하다면, 다쓰노 긴고는 공부대학교工部大學校를 다니며 영국인 건축가 조시아 콘더Josiah Conder의 지도를 받았기 때문에 강건함 대신 좀 더 부드러운 느낌이 납니다. 다쓰노 긴고의 또 다른 작품으로는 1914년에 완공된 도쿄역이 있습니다. 그리고 이 모든 건물들은 기존 다이묘들의 저택을 허문 자리에 지어졌습니다.

본디 에도에는 부케지武家址, 무사의 집터, 지샤지寺社址, 절과 신사의 터, 조닌지町人址, 상인의 집터라고 하는 세 가지 종류의 집터가 있었습니다. 부케지는 무사의 집터로, 참근 교대제에 의해 지방 다이묘가 에도에 머물 때 살던 집을 말합니다. 그런데 일왕은 메이지 유신을 단행하면서 다이묘의 지위를 박탈해 버리고 이들의 집 또한 몰수해 버립니다. 즉 옛 지배 계급의 저택을 헐고 바로 그 자리에 근대 국가에 필요한 새로운 시설을 지은 것입니다. 비단 의사당, 재판소, 국책은행 등의 건물만 지은 것이 아니라 학교, 병원, 각종 관청 등 새로운 국가에 필요한 시설들이 대개 옛 다이묘의 저택을 헐어 낸 자리에 지어졌습니다. 그리고 이는 근대 국가의 건설 과정에서 이미 유럽 여러 나라에서 반복된 바 있습니다.

프로이센은 왕자의 궁전이 있던 곳을 헐어 훔볼트 대학을 지었고, 프랑스는 옛 왕실 숲이던 곳을 시민 공원으로 만들어 개방했습니다. 다만 유럽식과 일본식은 조금 차이가 있습니다. 유럽에서는 왕실이나 정부에서 직접 왕실 전용 공간을 개방했습니다. 원칙대로라면 메이지 일왕도 옛 일본의 궁터나 왕실 정원을 학교와 공원으로 개방해야 할 것입니다. 그런데 일본의 왕실은 교토에서 지냈고 도쿄는 도쿠가와 막부가 득세하고 있었습니다. 무엇보다 메이지 일왕은 기존의 막부를 타도하고 친정을 시작한 왕입니다. 따라서 기존 무사의 집터를 국가 소유로 한 다음 이곳에 근대 국가에서 필요한 모든 시설을 지었습니다. 이로 인해 다이묘들은 큰 타격을 입었는데 그중 가장 큰 타격을 입은 것은 우두머리였던 도쿠가와 막부였습니다.

우에노 공원과 야스쿠니 신사

옛 부케지 가운데 가장 크고 넓은 것은 단연 도쿠가와 막부의 집이었습니다. 메이지 일왕은 이를 국가에 귀속시키고 공원으로 만들어 시민에게 개방하는데, 그것이 지금의 우에노上野 공원입니다. 도쿠가와 막부의 집터는 도쿄에 여러 곳이 있었는데, 그중에서도 특히 우에노는 도쿠가와 가문의 쇼군 여섯 명의 묘가 있던 곳이자 칸에이지 사찰이 있던 곳입니다.

칸에이지 사찰은 쇼군의 묘를 지키기 위한 목적으로 지어진 것으로, 도쿠가와 막부로서는 매우 중요하고 신성한 공간이었습니다. 그런데 이곳을 벚꽃이 많이 피는 명소라는 이유로 시민 공원으로 만들더니 1881년에는 박물관, 1882년에는 동물원도 만들어 개방

시노바즈이케 연못. 연못 주변으로 경마용 트랙을 만들어 경마장으로도 사용했다.

했습니다. 또한 1906년에는 시노바즈이케 연못 주변으로 경마용 트랙을 만들어 경마장으로도 사용했습니다. 본디 선조의 묘역이 있던 곳이 동물원과 경마장이 되었으니 도쿠가와 가문으로서는 큰 치욕이었을 것입니다. 도쿠가와 가문 하나만을 위한 성역을 허물어 시민 모두를 위한 놀이공원으로 만든 것은 이미 역사에서 여러 번 반복된 바 있습니다.

도쿄 대학. 당시 새로운 관료를 양성하고 선발하는 역할을 했다.

이뿐만 아니라 국민 누구에게나 평등하게 개방된 학교도 지었으니 바로 도쿄 제국 대학입니다. 지금도 도쿄 여행 코스 중에 우에노 공원과 인근의 도쿄 대학은 빼놓을 수 없는 명소인데, 동물원과 일본의 명문 대학이 서로 인접해 있는 것은 이 때문입니다. 본래는 도쿠가와 막부의 성역이었지만, 그 막부를 타도하고 유신을 단행한 메이지 일왕으로서는 당연히 그곳부터 헐어 시민을 위한 학교와 공원을 지어야 했습니다.

대학은 시민들의 고등 교육을 담당하는 곳이기도 하지만, 국가의 입장에서 보자면 대민 통제력을 강화하는 곳이기도 합니다. 일찍이 한국과 중국에서는 과거제를 통해 중앙 관료로 진출하는 길이 제도화되어 있었습니다. 하지만 일본에서는 무사가 되어 공을 세우는 것이 주된 출세 방법이었습니다. 그런데 메이지 유신과 함께 무사 제도는 폐지되었고 대신 새로운 국가가 필요로 하는 새로운 관료를 양성하고 선발하기 위한 곳으로 대학이 필요해졌습니다. 프로이센의 훔볼트 대학의 학제를 따라 1877년 도쿄 대학이 설립되었고 1886년에는 제국 대학이 되었습니다. 이처럼 옛 정권의 성역지를 헐어 동물원과 대학을 짓는 것은 이후 조선에서도 다시 한번 반복됩니다.

한편 새로운 국가가 성립될 때면 그 과정에서 불가피하게 전투가 일어나고 전사자가 생기는데, 이 또한 새 정부가 책임져야 할 몫입니다. 일찍이 프랑스의 나폴레옹 황제가 개선문 1층에 무명용사의 묘를 만들었듯 메이지 새 정부도 그러한 시설이 필요했습니다. 일본은 메이지 정부 초기에 크고 작은 내전을 많이 겪어야 했습니다. 원인은 주로 막부와 번이 폐지되고 무사 계급이 해체되자 이에 불만을 품은 무사들과 정부군 사이의 전쟁이었고, 이 과정에서 많은 전사자가 발생했습니다. 그래서 1869년 6월 이들의 혼령을 위로

하기 위해 쇼콘샤招魂寺, 초혼사를 도쿄 쿠단자카에 짓고 전사자 3588위를 안치했습니다.

국가에서 지은 사찰이기 때문에 메이지 일왕은 이곳에 쌀 1만 석을 수확할 수 있는 땅을 하사했습니다. 그리고 10년 후인 1879년 쇼콘샤는 야스쿠니 신사靖國神社로 이름이 바뀌고 관폐사일본 왕실에서 경비를 대고 관리하는 신사로 격이 높아졌습니다. 본래 일본의 신사는 일본 왕실의 역대 선왕들의 신위 혹은 재물신이나 칠복신七福神 등 민간 신앙의 신을 모시는 곳이었습니다. 그런데 이때 신이 아닌 일본 왕을 위해 사망한 군인들의 신위를 안치한 것입니다.

새로운 근대 국가는 국립묘지나 현충원에 해당하는 시설을 지어야 하는데, 신도神道의 국가 일본에서는 신사를 짓는 것으로 대체한 것입니다. 야스쿠니 신사는 이후 일제의 침략 전쟁에 동원된 군인들의 신위도 함께 안치하게 되었습니다. 1978년에는 전범 재판으로 사형을 당했던 일제의 A급 전범 14명의 신위까지 합사했습니다. 이곳에는 일본의 침략 전쟁에 강제 징병되어 사망한 2만 1181명의 한국인 신위도 함께 안치되어 있습니다. 특히 1945년 8월 6일 히로시마에 원자폭탄이 터질 때 사망했던 한국 왕실의 이우 왕자 신위도 이곳에 있습니다. 한국의 유족들은 일본 법원에 '야스쿠니 신사 한국인 합사 취소 소송'을 통해 합사된 한국인의 이름을 빼달라고 요구하고 있습니다. 야스쿠니 신사는 전범을 숭배하고 새로운 군국주의 부활을 꿈꾸고 일본의 전쟁을 정당화하는 곳입니다. 그래서 지금도 야스쿠니 신사에 일본 총리가 참배를 하거나 공물을 바치면 한국과 중국에서 큰 불쾌감을 드러내는 것입니다.

요약해 보면, 기존의 도쿠가와 막부를 타도하고 들어선 새 정부가 메이지 정부입니다. 새로운 국가의 면모를 일신하기 위해 수도를 기존의 교토에서 도쿄로 옮겼고 그곳 도쿄에 이미 자리 잡고 있던 도쿠가와 막부를 비롯한 각 다이묘의 땅에 새 국가에 필요한 새로운 시설을 지었습니다. 이와쿠라 사절단을 보내어 유럽과 미국의 제도와 법규를 배우게 했는데, 그중에는 젊은 시절의 이토 히로부미도 끼어 있었습니다. 이후 그는 총리대신, 추밀원 의장 등 핵심 요직을 맡으며 메이지 일왕의 오른팔로서 일했습니다. 일본이 아시아의 프로이센이 되고자 했다면 그는 일본의 비스마르크가 되고자 했습니다. 그러한 그의 야심은 조선에서도 다시 한번 드러나게 됩니다.

3.

한국 근현대 건축사

08. 대한제국 시기 서울의 풍경

경복궁 뒤편에 자리 잡은 청와대가 2022년 5월부터 개방되어 국민 누구나 방문 가능한 곳이 되었습니다. 해방 후 거의 80여 년 동안 대통령의 집무실과 관저가 자리 잡고 있어서 자유롭게 드나들지도 못하고 경비가 삼엄하던 곳이 개방이 된 것입니다. 그런데 본래 그 자리는 80여 년이 아닌, 1000년 동안이나 베일에 싸여 있던 가장 비밀스러운 장소였습니다. 1000년 전 그곳에서는 과연 무슨 일이 있었던 걸까요?

천년 수도 한양

흔히 서울은 조선 시대에 수도로 정해져 600여 년의 역사를 가지고 있다고 생각하지만, 정확히 말하자면 고려 시대부터 이미 남쪽의 수도라는 뜻의 '남경'으로 정해졌습니다. 고려는 수도인 개경 외에도 건국 초기 서경평양, 동경경주를 두어 3경 제도를 운영했습니다. 중세 시대에 해당하는 고려는 중앙 집권이 완벽하게 확립되지 않아서 왕은 개경뿐 아니라 서경과 동경에도 몇 달씩 머물러야 했습니다. 고려는 신라의 지방 호족이 반란을 일으켜 세운 나라입니다. 따라서 또 한번 반란이 일어나 국가의 안위를 위협할까 염려하여 고구려의 수도였던 평양을 서경으로, 신라의 수도였던 경주를 동경으로 삼아 왕이 직접 머물며 민심을 살폈습니다.

그러다가 고려 숙종 9년이던 1104년에는 한양을 남경으로 삼았습니다. 수도인 개경 외에도 서경, 동경, 남경 등이 있었으니 이를 지방 거점 도시 정도로 생각하기 쉽지만, 동양 문화권에서 경京은 임금이 머무는 수도에만 붙일 수 있는 명칭이었습니다. 아울러 이듬해인 1105년에는 왕이 머물 궁전으로 연흥전延興殿도 지었습니다. 위치는 풍수 도참설에 따라 북악산 아래 천하제일 명당으로 알려진 곳이었는데, 바로 지금의 청와대 자리입니다. 그러고 보면 청와대의 내력도 꽤 깊다고 하겠습니다. 그런데 고려 말 이성계가 조선을 건국하고서 수도를 한양으로 정합니다. 조선은 일찍부터 중앙집권을 확립했기 때문에 고려와 같은 삼경 제도를 유지할 필요가 없었고, 한양은 명실상부 조선의 유일한 수도가 되었습니다.

새 왕조가 건국을 하고 나면 제일 먼저 해야 할 일이 전 왕조의

경복궁 내 근정전의 모습.

흔적을 빠르게 지우고 새로운 궁궐과 관청을 짓는 일입니다. 태조 이성계는 고려 남경의 궁궐이던 연흥전을 재빨리 헐어 버리고 연흥전의 바로 앞에 새 궁궐인 경복궁을 지었습니다. 조선이 건국한 것이 1392년이고 320여 칸의 경복궁 전각이 완성된 것이 1395년이므로, 조선이 개국하자마자 바로 한 일이 연흥전 허물기와 경복궁 창건이라 할 수 있습니다.

아울러 연흥전 터는 경복궁의 광대한 후원으로 만들었습니다. 본래 조선의 궁궐은 뒤편에 넓은 후원을 가지는 것이 특징입니다. 주된 용도는 왕의 사냥터이자 무예 연습장이었습니다. 이때 사냥은 단순히 왕의 여가 활동이라기보다 임금과 신하가 한데 어울려 무예를 겨루고 화합을 다지는 공적인 활동이었습니다. 경복궁의 후원은 북원北苑이라고 불렸는데, 고려의 연흥전을 헐어 버리고 방대한 사냥터로 만든 것은 앞서도 여러 번 이야기한 바 있는 팰림시스트가 여기서도 적용된 것이라 하겠습니다.

궁궐을 지은 후에는 새 국가에 필요한 관청을 지어야 했는데, 이는 전조후시前朝後市, 좌묘우사左廟右社의 원칙에 따라 지어졌습니다. 전조후시란 경복궁을 중심으로 앞쪽에 조정, 뒤쪽에 시장을 둔다는 뜻이며, 좌묘우사란 왼쪽에 종묘, 오른쪽에 사직을 둔다는 뜻입니다. 종묘는 역대 선왕들의 신위를 모신 곳이고, 사직은 토지의 신인 사社, 곡식의 신인 직稷에게 제사를 드리던 곳을 말합니다. 또한 왕이 경복궁에서 남향을 하고 앉았을 때 왼쪽은 동쪽이 되며, 오른쪽은 서쪽이 됩니다. 따라서 전조후시, 좌묘우사는 남쪽에 관청, 북쪽에 시장, 동쪽에 종묘, 서쪽에 사직을 둔다는 뜻입니다. 그렇다면 실제 위치도 그렇게 되었을까요?

종묘는 현재 종로3가에 있어 동쪽에 해당하며 사직은 현재 사직동에 있어 서쪽이 맞습니다. 앞쪽에는 관청을 둔다고 했는데, 실제로 경복궁 앞쪽인 현 세종로 거리에는 의정부, 의금부를 비롯한 이조, 호조, 예조, 병조, 형조, 공조의 6조 관청이 늘어서 있어 조선시대에는 이곳을 '육조 거리'라고도 했습니다. 그런데 후시에 해당하는 뒤쪽에는 시장을 두지 못했습니다. 경복궁 뒤편으로는 북악산과 북한산이 중첩되어 있어서 시장을 둘 만한 공간이 없었기 때문입니다. 대신 시장은 사람들이 많이 다니고 물류 이동이 편리한 청계천 주변에 자리 잡았는데, 이를 '시전市廛'이라 했습니다.

가운데 경복궁을 중심으로 좌묘우사, 전조후시의 원칙에 따라 국가 기간 시설을 배치하는 것, 이 모든 마스터플랜을 계획한 이는 태조 이성계의 오른팔이라 할 수 있는 정도전이었습니다. 정도전은 유교적 이상주의에 따라 조선을 건설하려 했고, 한양은 물론 경복궁의 마스터플랜도 직접 세웠습니다. 흔히 베르사유 궁전, 에르미타주 궁전 등 유럽의 왕가는 주로 '궁전'이라 부르고, 우리의 전통 궁은 '궁궐'이라 부릅니다. 이때 궁궐은 왕과 그 가족의 사적인 공간을 칭하는 궁역, 왕의 공적인 공간을 이르는 궐역을 한데 아울러 부르는 말입니다.

앞서 경복궁 바로 앞에 의정부, 의금부, 6조 관청이 있었다고 했는데, 이는 정확히 말하자면 궐 밖에 있는 관청이라 하여 '궐외각사'라 불렀습니다. 한편 각 관청들은 임금의 집무 공간과 가까운 경복궁 안에도 일종의 출장소 개념으로 존재했는데, 이를 '궐내각사'라 불렀습니다. 이러한 궐내각사가 있는 곳이 궐역이었습니다. 경복궁의 특징은 이상주의자 정도전이 세운 마스터플랜답게 궁역과 궐역의 구분이 매우 명확하며, 공적 영역이라 할 수 있는 궐역이 더 많이 발달된 특징을 보입니다.

한편 이성계의 아들 이방원은 왕자의 난을 일으켜 정도전을 죽이고 난 뒤 자신의 뜻에 따라 새로운 궁궐을 지었는데 이것이 창덕궁1405년입니다. 창덕궁은 이방원 본인의 마스터플랜에 따라 지어졌는데 궁역과 궐역의 구분이 명확하지 않은 채 유기적으로 구성되어 있습니다. 특히 왕과 가족들의 공간인 궁역과 후원이 더 크게 발달했는데, 이 창덕궁의 후원이 바로 비원입니다. 조선 왕조 초기에 일어난 정도전과 이방원의 대립이 경복궁과 창덕궁 건축에서도 드러나는 셈입니다.

한편 성종 14년1483년에 세 명의 대비안순 왕후, 정희 왕후, 소혜 왕후가 거처할 궁으로서 창덕궁과 맞붙여 새로운 궁을 더 지으니 이것이 창경궁입니다. 창경궁도 후원이 있었는데 '봄을 머금은 정원'이라는 뜻으로 함춘원含春苑이라 불렀습니다. 정궁이자 법궁인 경복궁 외에 일종의 별궁이라 할 수 있는 창덕궁, 창경궁이 있는 상황인데, 창덕궁과 창경궁은 서로 맞붙어 있고 또 경복궁을 기준으로 동편에 있었기 때문에 이 둘을 한데 아울러 동궐이라 불렀습니다. 한편 경복궁은 북궐이라 불리기도 했습니다. 실제 조선 왕조 500년을 통틀어 역대 왕들이 가장 오래 머물렀던 궁은 동궐인 창덕궁과 창경궁이었습니다.

그런데 1592년 임진왜란이 일어나면서 일본이 한양까지 쳐들어와 동궐과 북궐을 모두 불태워 버립니다. 왜란이 끝나고 선조가 한양으로 돌아와 보니 당장 머물 만한 거처가 마땅치 않았습니다. 우선 급한 대로 월산대군의 사저를 임시 행궁으로 사용했는데, 이것이 경운궁입니다. 그리고 근처의 민가를 더 사들여 급히 지은 궁이 경희궁입니다. 경운궁과 경희궁은 서로 이웃해 있었고 또 경복궁을 기준으로 서쪽에 있다 하여 이 둘을 아울러 서궐이라 불렀습니다. 서궐은 임진왜란 직후에 급히 지어진 궁궐이기 때문에 규모도 작고 따로 후원도 마련되어 있지 않았습니다. 왕이 머물렀던 시간도 짧습니다. 곧 창덕궁과 창경궁을 보수하여 이어移御했으니까요. 하지만 경복궁은 개보수를 하지 않고 황폐한 채로 오랫동안 버려져 있었습니다.

쇄국 정책 이후 고종의 개혁

조선 후기인 1864년 고종이 즉위합니다. 당시 고종은 12세의 나이였기 때문에 아버지인 흥선 대원군이 섭정을 하게 됩니다. 이즈음 조선의 해안가에도 개항을 요구하는 서양의 함선들이 출현하기 시작했는데, 대원군은 엄격한 쇄국 정책으로 일관하면서 대신 내치에 힘썼습니다. 우선 임진왜란 후 270여 년간 버려져 있던 경복궁을 대대적으로 다시 짓기로 합니다. 이를 경복궁 중건이라 하는데 나라의 정궁을 바로 세운다는 상징적 의미도 있었고 또한 대규모 토목 공사를 실시함으로써 실업을 해소하고 경기를 부양한다는 실질적 목적도 있었습니다.

조선 초기에 지어진 경복궁은 320여 칸이었는데 중건된 경복궁은 모두 7000여 칸이었으니 규모로 보면 20배가 넘는 엄청난 대공사였습니다. 뿐만 아니라 후원인 북원도 재단장을 했는데, 왕이 직접 농사를 짓는 경농재慶農齋를 비롯하여 무과 시험장이라 할 수 있는 경무대景武臺, 그리고 문무를 융성한다는 뜻의 융문당, 융무당도 마련했습니다. 경복궁 중건은 1865년 공사를 시작하여 1867년 완공이 되었고 1868년 흥선 대원군과 고종은 이어를 했습니다. 그런데 1867년과 1868년은 일본에서 메이지 일왕이 즉위하고 이듬해 메이지 유신을 단행한 해이기도 합니다.

공교롭게도 메이지 일왕과 고종은 1852년생 동갑내기였으며, 고종이 12살에 즉위했다면 메이지 일왕은 15세에 즉위했다는 점에서 비슷한 면이 있습니다. 그러나 메이지 일왕은 섭정 없이 바로 친정을 하고 유신까지 단행했습니다. 이 모든 상황을 고종이 몰랐을 리 없으며 아버지의 그늘에서 벗어나 친정을 할 날을 기다리고 있었을 것입니다. 실제로 고종과 흥선 대원군은 정치적 노선이 달랐습니다. 1874년에 22세가 된 고종이 친정을 하게 되자 아버지의 정책이었던 쇄국 대신에 외국과의 적극적인 소통을 하고자 합니다. 우선 일본에 조사 시찰단구 신사 유람단, 1881년을 파견하여 먼저 개혁을 단행한 일본의 사례를 시찰하기도 했습니다.

그런데 1895년 을미사변이 일어나 일본 낭인들이 경복궁 안까지 들어와 명성황후를 살해하는 만행을 벌입니다. 이에 큰 위기감을 느낀 고종은 아들 순종과 함께 러시아 공사관으로 피신하는데 이를 아관파천1896년 2월이라 합니다. 고종은 러시아 공사관에서 1년 가까이 머물다가 1897년 2월, 경복궁이 아닌 경운궁으로 환궁을 하고 그해 10월 대한제국을 선포합니다. 이제 조선은 제국이 되었고 고종은 황제가 되었으니 그에 걸맞는 새로운 시설이 필요해졌습니다.

고종은 스스로 단발을 하고 유럽식 황제 복장을 하는 등 대외적으로는 국제적인 면모를 갖추는 한편, 대내적으로는 전통적인 유교적 군신 관계를 유지하려고 했습니다. 대한제국 시기의 이런 양면적인 성격은 경운궁에서 잘 드러납니다. 우선 유럽식 건물이라 할 수 있는 석조전이 영국인 건축가 하딩J. R. Harding의 설계로 지어집니다1910년. 아울러 전통적인 한옥 전각인 중화전과 함녕전도 지었습니다. 세 곳은 용도도 구분되어 있어서 석조전이 주로 외국의 사절들을 만나고 연회를 베푸는 곳이라면, 중화전은 일상적인 업무를 보는 곳, 함녕전은 침소 공간입니다.

한편 경운궁 가까이에는 황제가 하늘에 직접 제사를 드리는 장소인 환구단과 황궁우를 지었습니다. 본래 하늘과 직접 소통을 하고 제사를 지내는 것은 중국 황제만이 가능했고, 제후국이던 조선에서는 할 수가 없는 일이었습니다. 하지만 이제 조선도 황제의 나라가 되었으니 하늘에 직접 제사를 지내기 위해 환구단을 지은 것입니다. 아울러 경운궁 뒤편으로는 우리나라 최초의 근대적 재판소라 할 수 있는 평리원을 두었습니다1899년. 이렇듯 제국의 면모가 갖추어지자 이제는 대한제국의 선포를 세계만방에 알려야 했습니다.

1907년 네덜란드 헤이그에서 열리는 만국 평화 회의에 고종은 밀사를 파견합니다. 일제와 체결한 을사늑약1905년이 강압에 의해 체결되었으므로 무효이며, 대한제국은 자주 독립국임을 전 세계에 알리는 것이 목적이었습니다. 하지만 이 계획이 실패로 돌아가면서 고종은 일제에 의해 강제로 퇴위하게 됩니다. 아들 순종이 즉위하면서 고종은 상왕이 되었고, 순종은 아버지 고종에게 덕수德壽라는 존호를 지어 올리면서 경운궁은 덕수궁으로 이름이 바뀌게 됩니다. 그리고 1910년 결국 한일 병탄이 이루어집니다. 일제는 대한제국의 황실을 이왕가로 격하시키고 종친들에게는 공작 등의 작위를 수여하는데, 이는 앞서 일본이 기존의 지방 번들에게 귀족 작위를 수여하면서 중앙 귀족화한 것과 동일한 방법입니다.

그뿐만 아니라 일제는 메이지 유신을 단행했던 것과 똑같은 방식으로 개혁을 단행하면서 조선의 역사와 전통을 부정하고 말살했습니다. 우선 메이지 유신의 실무자이자 을사늑약과 한일 병탄에서 결정적 역할을 했던 이토 히로부미가 초대 통감1905~1909년이 되어 실권을 잡았습니다. 그리고 1910년부터는 총독 정치가 시작되면서 데라우치가 초대 총독이 됩니다. 한편 1919년에는 고종 황제가, 1926년에는 순종 황제가 승하함으로써 조선 왕조는 막을 내리게 됩니다. 이제 일제의 야욕은 거칠 것이 없어졌습니다.

경복궁 앞에 들어선
조선 총독부 건물

일본에서 헌법 제정과 함께 의회 정치가 시작되었기 때문에 사법성과 의회 의사당을 지었다면, 조선에서는 일제의 총독 정치가 실시됨에 따라 조선 총독부 건물이 필요해졌습니다. 일제 침략의 핵심 사령부라 할 수 있는 조선 총독부가 1926년에 완공되는데, 그 자리가 하필 경복궁의 바로 코앞이었으니 지금의 흥례문이 있는 자리입니다. 한양은 경복궁 앞에 6조 관청이 좌우로 늘어서 있었는데, 조선 총독부가 들어선 자리는 6조 관청의 머리 꼭대기이자 경복궁의 바로 아래였습니다. 이는 조선의 전통적인 군신 관계를 해체하고 이제 총독부가 모든 주도권을 쥐겠다는 야욕을 노골

광화문을 지나면 흥례문이 나오는데, 일제 강점기에 흥례문 영역이 헐리고 그 자리에 조선총독부가 지어졌다.

적으로 드러낸 셈입니다.

총독부의 설계는 프로이센 출신의 건축가 게오르크 데 라란데 Georg de Lalande가 담당했는데, 초기 설계는 독일의 제국 의회 의사당 및 일본의 제국 의회 의사당 건물과 상당히 비슷했습니다. 그런데 프로젝트를 진행하던 중 그가 갑자기 사망하면서 함께 프로젝트를 진행하던 일본인 건축가 노무라 이치로野村一郎가 프로젝트를 담당하게 됩니다. 노무라는 이미 타이완에서 총독 관저를 설계한 경험이 있었는데, 라란데의 설계안에서 지나친 장식은 배제하고 조금 간결해진 모습으로 1926년 완공됩니다. 아울러 같은 해에 한양의 시정 업무를 담당한 경성부 청사도 지어졌는데, 그 위치가 또 문제였습니다. 바로 덕수궁을 마주 보는 대한문 광장 앞에 지어진 것입니다.

경복궁은 흥선 대원군이 중건한 곳이자 조선의 법궁으로서 상징성이 매우 큰 곳입니다. 아울러 덕수궁은 고종이 대한제국을 선포했던 황궁이자 강제로 퇴위하여 상왕이 된 채 머물던 곳입니다. 그런데 경복궁 앞에 조선 총독부를 짓고 덕수궁 앞에 경성부 청사를 지은 것입니다. 더구나 두 건물이 동시에 완공된 1926년은 순종이 승하한 해이기도 했습니다. 북궐과 서궐이 이렇게 수난을 당하는데 순종이 머물던 동궐도 무사할 리가 없었습니다.

순종이 거처하던 창덕궁은 창경궁과도 바로 맞닿아 있었습니다. 그런데 창경궁의 후원인 함춘원에는 정조 임금이 아버지 사도세자를 기리는 사당인 경모궁景慕宮을 지어 놓았습니다. 따라서 창경궁은 일종의 성역과도 같은 곳이었는데 일제는 이곳도 훼손해 버립니다. 순종의 적적함을 달래기 위함이라는 헛된 명분 아래 창경궁 안에 동물원과 식물원, 박물관을 설치하여 시민에게 개방한 것입니다. 또한 동궐 바로 인근에는 조선의 최고 학부인 성균관이 있어서 세자도 여섯 살이 되면 성균관에 입학해 공부를 했습니다. 그런데 일제는 조선의 교육을 장악하기 위해 경성 제국 대학을 설립하는데, 그 위치가 함춘원 자리이자 성균관의 인근이기도 했습니다.

유럽 각국은 19세기에 근대 국가로 전환되면서 앞다투어 대학을 설립한 바 있습니다. 새로운 국가에서 필요한 인재를 양성하기 위한 곳이 대학이라면 그중에서도 가장 중요한 인재가 사람의 목숨을 다루는 의사와 법관입니다. 따라서 의학부와 법학부가 매우 중요하다고 할 수 있는데, 이 두 학부가 함춘원 자리에 지어졌습니다. 특히 의학부는 본래 경모궁이 있던 자리에 지어졌습니다.

다시 말해 창경궁은 동물원, 식물원, 박물관으로 만들어 버리고 후원인 함춘원에는 경성 제국 대학을 설립함으로써 동물원과 대학이라는 서로 어울리지 않은 두 시설이 인접하게 된 것입니다. 이는 앞서 도쿠가와 막부를 타도하고 성립한 메이지 정부가 도쿠가와 가문의 역대 묘역이 있던 우에노 주변에 동물원, 식물원, 박물관을 두어 공원으로 만들어 버리고 또 인근에 제국 대학을 설립한

창경궁 식물원. 일제는 창경궁을 놀이 공원을 만들어 버리고 동물원, 식물원, 박물관을 두었다. 현재 동물원과 박물관은 이전을 했지만 식물원은 그대로 존치되어 있다.

것과 동일한 방법으로 진행된 일이라는 것을 알 수 있습니다.

한편 경희궁은 부지를 조금씩 떼어 각종 학교를 짓는 데 사용했습니다. 우리의 교육을 장악하기 위한 목적과 일제의 조선에 대한 대민 장악력을 높이려는 의도였습니다. 어쨌든 이로써 조선의 다섯 궁궐이던 경복궁, 창덕궁, 창경궁, 경운궁덕수궁, 경희궁은 일제에 의해 모두 훼손당하고 말았습니다.

조선의 경제를 독점하기 위해 지었던 조선은행 건물. 현재 한국은행 박물관으로 사용되고 있다.

일제는 조선을 식민지로 삼으면서 한양을 제2의 도쿄로 만들 속셈이었는지도 모릅니다. 근대적 국가로 전환되던 시기에 도쿄에 지었던 건물은 한양에도 빠짐없이 지어졌습니다. 우선 고종이 근대적 사법 제도를 도입하면서 두었던 평리원을 허물고 바로 그 자리에 경성재판소를 지었습니다. 또한 이미 일본은행을 설계한 바 있는 다쓰노 긴고의 설계로 조선은행을 지었는데, 전체적인 모습이 일본은행과 매우 비슷하면서 전체적으로 규모만 약간 작습니다. 또 경성역이 츠카모토 야스시塚本靖의 설계로 지어졌는데 이 역시 전반적인 형태는 도쿄역과 비슷하면서 규모만 작습니다. 츠카모토 야스시가 다쓰노 긴고의 제자이기 때문입니다.

조선 신궁과 이토 히로부미 추모 사찰

1909년 10월 26일 만주 하얼빈 역에서 총성이 울렸습니다. 메이지 유신의 주역이자 한국 침략의 원흉인 이토 히로부미가 안중근 열사가 쏜 총에 저격당하던 순간이었습니다. 그리고 3년 후인 1912년에는 메이지 일왕도 지병으로 사망하게 됩니다. 이렇게 되자 후임인 다이쇼 일왕은 선왕의 신궁을 도쿄에 조성하는데, 공사 기간이 매우 길어 1925년에 메이지 신궁이 완성되었습니다. 본래 일본은 왕은 죽어서 호국신이 된다고 믿었기 때문에 신이 된 왕이 머물 장소로서 신궁이 필요해진 것입니다. 그런데 1925년에는 한양에도 신궁이 지어졌는데, 그 위치가 남산이었습니다.

조선은 건국 초기부터 북악산과 남산에 국사당을 두었는데, 이는 단군왕검과 태조 이성계의 신위를 모신 사당입니다. 특히 북악산은 경복궁의 바로 뒤편에 있는 산이고, 남산은 경복궁의 눈앞에 보이는 산이기 때문에 풍수지리적으로 매우 중요한 위치에 있었습니다. 그런데 일제는 남산의 국사당을 인왕산으로 옮기고 남산 중턱에 일본의 시조신인 아마테라스 오미카미와 메이지 일왕의 신위를 모신 조선 신궁을 짓습니다. 다시 말해 단군왕검을 아마테라스 오미카미로 대체하고, 태조 이성계를 메이지 일왕으로 대체한 것입니다. 더구나 메이지 신궁과 조선 신궁은 1925년에 동시에 완공되었으니 이것도 매우 의도적인 일입니다.

그뿐만 아닙니다. 현재 장충체육관이 있는 장충동은 고종이 임오군란과 을미사변 때 희생된 군인들을 기리기 위해 만든 장충단과 비석이 있던 곳입니다. 19세기 프랑스 파리 개선문에 무명용사의 묘가 있었고 바이에른에 발할라 데어 도이첸이 있었습니다. 근대 국가가 성립하면 그 과정에서 발생한 군인들의 희생을 기억하기 위한 장소를 만들곤 합니다. 고종 역시 대한제국을 선포하고 나서 나라를 위해 희생한 군인들을 추모하기 위해 장충단을 만들었는데, 말 그대로 '충을 장려한다'는 뜻이었습니다. 하지만 일제는 이것도 그냥 두고 보지 않았습니다. 조선을 위해 일하다가 순국한 이들이 아닌, 일제를 위해 일하다가 순국한 이의 넋을 기리는 공간으로 재빨리 대체해야 했습니다.

일본인들이 가장 애석하게 여긴 것은 이토 히로부미였습니다. 젊은 시절 사절단으로 외국을 다녀온 경험을 살려 메이지 유신의 주역이 되었고 조선의 초대 통감도 되었는데, 안중근 열사의 총격에 사망하고 말았으니 일제의 입장에서 보면 '순국'입니다. 그래서 장충단을 대체하는 시설로서 이토 히로부미의 추모 사찰인 박문사博文寺를 건립하기에 이릅니다. 설계는 조선 총독부 소속의 기사인 사사 게이이치가 담당했고, 일본 전통 불교 사찰 양식에 따라 지어졌습니다. 박문사의 준공식은 1932년 10월 26일에 진행되었는데, 이는 이토 히로부미의 기일이기도 했습니다.

요약해 보면, 일제는 식민지 조선에 필요한 새 건물을 지을 때, 기존의 것을 대체하는 시설을 바로 그 옆자리에 짓는 방식을 반복했습니다. 조선의 정치를 장악하기 위해 경복궁 앞에 조선 총독부를 짓고, 한양의 시정을 장악하기 위해 덕수궁 앞에 경성부 청사를 지었습니다. 교육을 장악하기 위해 성균관 바로 인근에 제국 대학을 설립했으며 민족성을 말살하기 위해 국사당이 있던 남산에 조선 신궁을 지었습니다. 그리고 장충단이 있던 자리에 박문사를 지었지만 이 모두는 그리 오래가지 못했습니다. 1945년 8월 15일, 일제의 패망과 함께 한국은 해방되었기 때문입니다.

09. 새롭게 태어나는 한국의 건축

1945년 8월 17일 남산 위에서 검은 연기가 피어올랐습니다. 8월 15일 일제가 무조건 항복을 하고 나자 제일 먼저 한 일은 조선 신궁을 불태우는 일이었습니다. 그런데 신궁을 불태웠던 이들은 한국인이 아닌 일본인 신관들이었습니다. 정치적 야심이 너무 큰 건물은 그 정권이 무너졌을 때 가장 먼저 철거되며, 그 과정에서 멸시적 훼손이 일어나곤 합니다. 이런 일은 일제도 이미 알고 있었기에 신궁이 한국인에 의해 훼손되는 것을 막기 위해 미리 불태우고 갔던 것입니다. 그렇다면 일제 강점기가 끝나고 어떤 건물이 철거되고 또 어떤 건물이 남았을까요?

해방 이후 광화문에 들어선 새로운 건물들

해방이 되고 얼마 지나지 않은 1945년 9월 9일 조선 총독부 건물 제1회의실에서 오키나와 주둔 미24군 군단장이던 존 하지John

Reed Hodge 중장이 일본 총독 아베 노부유키로부터 항복 문서에 서명을 받아 냅니다. 그리고 이날부터 1948년 8월 15일까지 3년간 우리나라에서는 하지 중장을 사령관으로 하는 미군정이 실시됩니다. 이는 우리나라가 독립을 우리 손으로 하지 못하고 일제가 미국과 벌인 전쟁에서 패함으로써 항복과 동시에 물러났기 때문입니다. 일제가 물러간 자리에 임시로 미군정이 들어선 것이라 할 수 있는데, 이는 공간 배치에서도 그대로 드러납니다.

우선 조선 총독부 건물은 미군정청 건물이 되었고, 경복궁 뒤편에 있던 일본인 총독 관저는 총사령관인 하지 중장의 관저로 사용되었습니다. 아울러 일본군이 주둔하고 있던 용산 일대는 이제 일본군 대신 미군이 주둔하게 되었습니다. 미군정은 3년 정도의 짧은 기간이었기 때문에 새 건물을 짓지 않고 일본이 사용하던 건물을 그대로 사용했는데, 이후 이것이 우리나라 근현대사에도 영향을 끼치게 됩니다.

1948년 미군정은 끝났지만 2년 뒤인 1950년 6월 25일 한국 전쟁이 일어나면서 또 한번 시련을 겪게 됩니다. 미군을 비롯한 UN군이 우리를 돕기 위해 참전하면서 1953년 전쟁이 끝난 이후에도 미국의 영향력이 계속 커졌기 때문입니다. 특히 전쟁으로 모든 것이 폐허가 된 상황에서 물자마저 부족해지자 새 건물을 짓기가 어려운 나머지, 일본과 미군이 물러나고 난 자리에 남은 건물을 그대로 사용할 수밖에 없었습니다. 초대 대통령이던 이승만 대통령은 일본의 총독 관저이자 미군 사령관 관저였던 곳을 대통령 관저로 그대로 사용하면서, 이름만 옛 명칭을 따라 경무대景武臺라 불렀습니다. 조선 총독부 건물 역시 대한민국 정부 청사인 중앙청으로 사용되었고 조선은행은 한국은행으로, 창경궁도 여전히 동물원이자 놀이공원으로 사용되었습니다.

이는 19세기 유럽의 예에서 보듯 새로운 국가를 건설하게 되면 옛 시설을 헐고 그 자리에 새로운 시설을 짓는 것과는 사뭇 다른 양상으로 진행되었습니다. 해방 후 다시 한국 전쟁을 치르면서 모든 것이 부족했던 역사의 흔적이라 하겠습니다. 특히 1940~1950년대 미국의 영향력 증대는 우리 근현대사에서 가장 큰 특징이라 하겠습니다. 이를 반영이라도 하듯 1954년 중앙청 바로 앞에 똑같이 생긴 두 채의 건물이 나란히 들어섰습니다. 하나는 미 대사관 건물이었고, 또 하나는 한국에 대한 미국의 경제 원조 업무를 담당하는 주한 경제 협조처United States Operation Mission to Republic Korea, 줄여서 USOM 건물이었습니다.

똑같은 건물이 동시에 들어섰다는 것은 두 시설의 위상이 동일하다는 뜻입니다. 미 대사관과 경제 협조처 건물이 나란히 있다는 것은 미국의 가장 주요한 업무가 한국 원조라는 뜻입니다. 또한 그것이 중앙청 바로 앞에 지어졌다는 것은 이제 일제를 대신하는 새로운 권력의 등장을 노골적으로 드러낸 것이라 하겠습니다. 본래 그 자리는 조선 시대 경복궁 바로 앞 이조 관청이 있던 자리였습니다. 6조 관청 중에서도 이조가 가장 중요한 곳이어서 경복궁을 기준으로 의정부와 더불어 가장 가까운 곳에 두었던 곳입니다. 그런데 일제 강점기 일제는 이곳에 경찰 전문학교를 세웠습니다. 경찰은 국민에 대한 국가의 대민 지배력을 실질적으로 행사하는 기관입니다. 따라서 일제는 조선의 이조를 폐하고 그 자리에 경찰 관련

미국 대사관 건물.

시설을 세웠고, 해방 후 미국이 '우방'이라는 얼굴로 새로이 등장하면서 그 자리에 경제 협조처와 대사관 건물을 세운 것입니다.

건축의 역사에서 개별 건축물보다 그 장소성이 훨씬 더 중요하다는 것, 한 장소의 성격은 변하지 않은 채 계속 그 자리에 새로운 건물이 다시 지어진다는 팰림시스트 이론이 다시 한번 입증되는 셈입니다. 이후 경제 협조처 건물은 2008년 대한민국 근현대사 박물관으로 재단장되었지만, 미 대사관은 광화문 광장 한복판에서 경찰의 삼엄한 보호를 받으며 아직도 그 자리에 서 있습니다. 이렇게 됨으로써 지금의 경복궁과 광화문 일대는 천년에 걸친 복잡한 역사적 층위가 쌓이게 됩니다. 북악산 산밑 천하제일 복지라는 자리에는 고려 남경 시절의 연흥전이 있었습니다. 그런데 조선이 건국하고 나서 연흥전 바로 앞에 경복궁을 지었고, 일제 강점기에는 경복궁 바로 앞에 조선 총독부를 지었습니다. 그리고 해방 후에는 조선 총독부당시 중앙청 건물 앞에 그 일본을 패망시켰던 미국의 대사관 건물이 들어섰습니다. 연흥전-경복궁-조선 총독부-미 대사관으로 이어지는 건물의 위치는 고려-조선-일제 강점기-임시 미군정으로 이어지는 역사를 고스란히 반영하고 있습니다.

한편 초대 대통령이던 이승만은 2대, 3대 대통령을 연임하더니

4대 대통령도 연임하기 위해서 1960년 3월 15일의 선거에서 부정 선거를 치릅니다. 이를 3 · 15 부정 선거라 하는데 이 일로 큰 시위의 물결이 번지게 되었고 곧 4 · 19 혁명이 일어남과 동시에 이승만 대통령은 모든 책임을 지고 하야를 했습니다. 하지만 세상은 여전히 어수선했습니다. 혼란한 시국에서 1961년 5월 16일 군사령관이던 박정희가 군사 쿠데타를 일으켜 정권을 잡았습니다.

일제 잔재 지우기

일제가 지었던 건물 중 가장 먼저 철거된 것은 남산 위에 지어진 조선 신궁일 것입니다. 일본인 제관이 스스로 철거하여 빈터가 된 그 땅도 팰림시스트가 되어 역사적 흔적이 생기기 시작했습니다. 우선 1955년 해방 10주년 및 이승만 대통령의 80세 생일을 기념하기 위한 높이 28.4미터의 동상이 건립되었습니다. 어쩌면 해방 10주년은 그저 허울이고 실제 목적은 이승만 우상화 작업이었을 것입니다. 이미 1954년부터 '이승만 대통령 제80회 탄신 경축 중앙위원회'가 결성되었고, 동상은 개천절인 1954년 10월 3일에 기공을 시작하여 광복절인 1955년 8월 15일에 준공이 되었습니다.

이와 때맞추어 탄신 기념 우표와 화폐를 발행하고 기념 미술 전람회를 개최하는 등 왕조 국가에서나 있을 법한 일이 20세기 중반 민주주의 국가에서 일어났습니다. 동상의 전체 높이는 이승만 대통령의 나이와 같은 81척으로 대략 28.4미터였습니다. 이 정도라면 9층 건물 높이의 대형 동상이 남산 위에 있는 셈이었는데, 고층 건물도 별로 없던 당시에는 지금보다 훨씬 높아 보였을 것입니다. 대통령의 생일을 탄신일이라 부르며 살아 있는 사람의 동상을 세우는 것도 흔히 있는 일은 아니지만, 그 동상도 고작 5년을 서 있었을 뿐입니다. 1960년 4 · 19 혁명이 일어나 철거되었기 때문입니다. 한편 이토 히로부미의 추모 사찰이었던 박문사도 해방 후 곧 철거되었고 1970년 박정희 대통령 재임 시절 그 자리에 이토 히로부미를 저격했던 안중근 의사 기념관이 개관했습니다.

아울러 함춘원 자리에 지어졌던 경성 제국 대학은 해방 후 서울대학교로 개편되어 1960~1970년대 관악구 신림동으로 이전했습니다. 그리고 그 일대는 마로니에 공원으로 꾸미면서 아르코 문화센터, 연극 공연장 등을 지었습니다. 대학로 마로니에 공원의 건물들은 김수근의 설계로 지어졌습니다. 한편 옛 경성 제국 대학 본관 건물은 철거하지 않고 현재 문예회관 건물로 사용하고 있습니다. 아울러 서울대학교 의과 대학은 이전하지 않고 처음 지어진 자리에 계속 머물러 있습니다. 그리고 그 서울대 의대와 맞붙어 있던 창경궁은 해방 후에도 한동안 창경원이라 불리면서 서울 시민들의 놀이공원 역할을 했지만 1980년대에 들어 복원이 시작되었습니다. 우선 동물원은 과천 서울동물원으로 이전했고 재보수와 복원을 거쳐 1986년 다시 창경궁으로 거듭나 일반에게 공개되었습니다.

민주주의를 표방하는 새 국가가 건설되고 난 후 가장 중요한 일은 국회 의사당을 짓는 거였습니다. 그전까지는 중앙청에 국회가 함께 있었지만 자리가 협소해 새 건물을 지어야 했는데, 위치는 여의도로 정해졌습니다. 일제 강점기 이곳에는 비행장이 있었지만 김포공항으로 이전을 한 터였습니다. 1966년 2월 '국회 의사당 건립 위원회'가 발족되었고 1968년에는 현상 설계 공모를 진행했습니다. 본래 설계 공모를 개최하면 1등 당선작을 고른 뒤 그 원안대로 설계를 진행하는 것이 원칙이지만 당시는 건축 문화가 제대로 자리 잡지 못했습니다. 건축 설계 역시 모눈종이 위에서 간단히 제도만 하면 되는 것으로 알던 시절이었습니다. 주어진 설계 기간도 두 달 남짓으로 짧을뿐더러 진행 과정도 엉망이었습니다.

처음 계획과 달리 1등 당선작을 내지 않은 채 우수작을 몇 개선정한 뒤 그 아이디어들을 조합하여 설계한다고 발표했습니다. 이에 한국 건축가 협회는 강하게 항의했지만 기본적인 방식은 변하지 않은 채 진행되었습니다. 어쨌든 1968년 12월 여러 아이디어를 조합하여 기본 설계를 완성하였고 1975년 9월 1일 국회 의사당이 준공되었습니다. 전체 높이가 70미터로 상당히 높은 편인데 지름 64미터의 거대한 원형 돔이 얹혀진 것이 특징입니다. 그리고 그 원형 돔을 떠받치기 위해 24개의 기둥이 있습니다. 1976년에 발간된 『국회 의사당 건립지』에 의하면 24개의 기둥은 여러 의견을 의미하고 둥근 원형의 돔은 원만한 의견 수렴을 상징한다고 합니다. 하지만 건축가들은 그저 억지로 꿰어 맞춘 논리에 불과하다는 의견을 냈습니다.

이처럼 건축 설계 고유의 예술성을 인정하지 않고 그저 관료의 입맛대로 뜯어고칠 수 있다는 생각은 국립 중앙 박물관 설계에서 또 한번 반복됩니다. 국립 박물관은 민족주의를 통해 애국심을 고취시켜야 하는 19~20세기 국가에서 꼭 필요한 시설입니다. 그래서 우리나라도 박정희 대통령 시절인 1966년 국립 중앙 박물관을 짓기로 하는데, 그 위치가 경복궁 동편 건춘문 근처였습니다. 이곳의 역사적 층위 역시 복잡합니다. 본래 경복궁 동편은 세자의 거처가 있어 동궁이라 불리던 영역으로, 세자의 주요 업무 공간인 계조당繼照堂이 있던 곳이었습니다. 그 인근에는 세자의 서재인 비현각, 세자와 세자빈의 거처인 자선당이 있었습니다. 그런데 1910년 일제는 계조당을 철거해 버리고 1915년에는 시정 5주년 기념 조선 물산 공진회를 개최하면서 그 자리에 전시관 중 하나인 박물관을 짓습니다. 1915년은 일제 강점이 시작된 지 5년째가 되는 해로서, 물산 공진회란 지난 5년 동안 조선이 어떻게 변모했는지를 알리는 것이 주목적인 일종의 박람회였습니다. 19세기에서 20세기까지 올림픽 못지않게 박람회도 중요하다고 이야기했는데, 물산 공진회는 국내 박람회격에 해당하는 행사였습니다.

독재자일수록 고전주의를 좋아한다

경복궁은 일제 강점기 내내 시정 5주년, 시정 10주년 등을 기념하는 공진회가 여러 번 개최되었습니다. 일본이 들어와 시정을 펼친 덕에 조선이 발전했다는 억지 주장을 합리화하려고 공진회를 하필 경복궁 마당에서 개최하니, 이 또한 일제의 만행이라 하겠습니다. 공진회를 개최하기 위해 경복궁의 여러 전각을 헐어 낼 수밖에 없었는데, 그중 계조당을 헐어 낸 자리에 지어진 것은 박물관이었습니다. 낙랑 삼한 시대의 발굴물부터 조선의 나전 칠기, 서화까지 두루 갖추고 있다고 기록되어 있는데, 공진회가 끝나고 다른 전시관들은 철거되었지만 박물관 건물은 그대로 남아 1915년 12월에 조선 총독부 박물관으로 정식 개관을 합니다. 창경궁에 이왕가 박물관이 있었다면 경복궁에는 조선 총독부 박물관이 있었던 셈입니다. 외관은 르네상스 양식을 한 벽돌조 건물이었습니다. 그런데 1960년대 정권을 잡은 박정희 대통령은 이 박물관을 헐어 내고 인근에 새로운 국립 중앙 박물관을 짓기로 하고 전국적인 설계 공모전을 개최합니다.

하지만 그때 제시된 설계 지침이 건축가들의 큰 반발을 샀습니다. "건물 자체가 어떤 문화재의 외형을 모방할 것, 여러 동이 조합된 문화재 건물을 모방해도 좋음"이라는 단서가 붙어 있었기 때문입니다. 새로운 형태를 창조하지 말고 기존의 문화재 건물을 모방하여 설계하라는 것이 요지였습니다. 박정희 대통령은 왜 이렇게 전통적인 형태에 집착했을까요?

본래 건축계에서는 "독재자일수록 고전주의를 좋아한다"는 명제가 있습니다. 지지 기반이 취약하거나 역사가 짧은 신흥 정권의 경우, 국가 시설물을 지을 때 새롭고 참신한 현대적인 양식 대신 전통 건축의 형태를 모방한 형태로 짓기 때문입니다. 이는 19~20세기 유럽의 신생 국가에서 많은 전례를 살펴본 바 있습니다. 나폴레옹 3세의 엠파이어 스타일, 프로이센의 신고전주의, 히틀러의 네오로마네스크 등이 있었듯, 신생 국가 대한민국도 무언가 새로운 국가 건축 스타일이 필요했습니다. 박정희 대통령은 그것을 한국의 전통 건축에서 찾으려 했기 때문에, 국립 박물관 설계 지침으로 기존의 문화재 건물을 모방하라고 명시했습니다.

이에 건축계에서는 건축의 예술적 측면과 창의성을 무시한 처사라 하여 크게 반발했습니다. 현상 설계에 응모한 건축가는 전국적으로 고작 10여 명인 가운데 그중 당선작이 나왔습니다. 불국사의 청운교와 백운교 위에 법주사의 팔상전을 올린 형태였으니, 기존 문화재 건물을 모방하고 조합해 만들라는 설계 지침에 충실한 건물이었습니다. 본래 경복궁 계조당이 있었는데 일제 강점기에 헐리고 그곳에 조선 총독부 박물관이 들어섰습니다. 그리고 1960년대 그것이 헐리고 인근에 다시 국립 중앙 박물관이 지어졌습니다. 이 역시 경복궁 동궁에 새겨진 팰림시스트라 할 수 있으며, 건축이 정권에 따라 어떻게 변형될 수 있는지를 보여 줍니다. 현재 국립 중앙 박물관 건물은 국립 민속 박물관으로 사용되고 있고 경복궁의 동궁 영역이던 자선당, 비현각, 계조당은 복원이 진행되고 있습니다.

기존의 문화재 건물을 모방하여 중앙 박물관이 지어지고 난 후 30년이 지난 1990년대부터 국립 중앙 박물관의 신축 이전 문제가 논의되었고, 2005년 용산에 국립 중앙 박물관이 새로 지어져 개관했습니다. 그런데 박물관이 처음 지어졌을 당시, 지나치게 새롭고 현대적인 모습에 우려를 나타내는 사람들이 많았습니다. 다른 건물이라면 몰라도 박물관이라면 적어도 우리 전통 건축의 형태를 계승해야 하는 게 아닌가 하는 의견이었습니다.

어찌 보면 이는 지난 1960~1970년대는 물론 80년대까지 독재 정권하에서 지어진 국가 시설물이 대개 한옥의 형태를 취했기에 굳어진 인식이라 하겠습니다. 독재자일수록 고전주의를 좋아한다고 했는데, 아닌 게 아니라 과거 우리나라에 지어진 관공서와 국가 시설은 한옥의 형태를 모방한 특정 양식으로 지어졌습니다. 나무 기둥이 아닌 콘크리트 기둥에 콘크리트 서까래를 올린 이른바 '박정희 스타일'의 한옥입니다. 아울러 천안의 독립 기념관을 비롯하여 이런 건물들이 더러 지어졌습니다. 하지만 문민정부를 표방한

1960년대 지어졌던 국립 중앙 박물관(현 국립 민속 박물관)의 모습.

김영삼 대통령 시절부터 더 이상 박정희 스타일의 콘크리트 한옥은 재현되지 않고 있습니다. 그런 점에서 용산의 국립 중앙 박물관은 의미 있는 건축이라 하겠습니다.

조선 총독부 철거와 청와대 이전

일제 강점기에 지어진 건물 중 침략 의도를 가장 노골적으로 드러낸 건물이 조선 총독부 건물입니다. 이 건물은 해방 후에도 중앙청으로 불리면서 명실상부 중앙 관청의 역할을 했습니다. 그런데 1980년대 중앙 부처의 역할이 일부 과천으로 이전하면서 중앙청의 역할도 상실하게 됩니다. 1986년부터 1990년대 초반까지 짧은 기간 동안 그곳이 국립 중앙 박물관으로 사용된 시기도 있었습니다. 그러다가 김영삼 대통령 시절인 1990년대 초반부터 철거 논의가 시작됩니다.

당시 건축계는 조선 총독부 건물의 철거냐 존치냐 하는 문제가 연일 화제였습니다. 경복궁 바로 앞에 앉아 민족의 정기를 끊는 건물이니 하루바삐 철거해야 한다는 다수의 의견 속에 존치를 주장하는 일부 의견도 있었습니다. 실제 그 건물이 조선 총독부로 사용된 기간은 19년 남짓이고 해방 후 중앙청으로 사용된 기간이 40여 년 가까이 됩니다. 특히 그 40년 시절은 대한민국 건국 초기에 해당하는 중요한 시기입니다. 따라서 역사적 기록과 함께 건물을 존치해야 한다는 의견이었습니다. 아울러 다시는 이런 일이 반복되지 않도록 부끄러운 역사의 흔적도 남겨 놓아야 한다는 의견이었습니다. 하지만 경복궁 바로 앞에 자리 잡고 있다는 그 위치가 문제였습니다. 그래서 결국 다른 장소에 옮겨 그대로 다시 짓자는 이축移築도 제안되었지만 공사가 너무 어렵고 비용도 많이 들었습니다. 그러다 결국 김영삼 대통령 재임 시절 철거하기로 결정이 납니다.

광복 50주년이 되는 1995년 8월 15일에 맞추어 철거를 시작했습니다. 그리고 철거할 때 나온 건물의 잔해 중 일부는 독립 기념관 서쪽 마당에 전시되고 있습니다. 이후 경복궁은 조선 총독부가 있던 자리에 흥례문을 다시 짓는 등 꾸준한 복원을 거쳐 현재에 이르고 있습니다.

그런데 경복궁을 완전히 복원하려면 그 후원까지 모두 복원해야 합니다. 앞서도 말했듯이 조선의 궁궐은 궁궐의 넓이와 맞먹는 광대한 후원이 있는 것이 특징입니다. 경복궁의 후원은 북원이라 불렸는데, 흥선 대원군은 경복궁을 중건하면서 북원에 경무대를

청와대 내부에 위치한 옛 경무대 자리. 본래 풍수지리상 천하제일 복지로 알려진 곳으로 고려 시대에는 연흥전이 있었고 한때 경무대가 있었다.

마련했습니다.

일제 강점기에 조선 총독부 신축과 함께 경무대 자리에 총독 관저가 지어졌는데, 이것이 해방 후에도 그대로 사용되었습니다. 1948년부터 대통령 집무실로 사용되다가 이름을 청와대로 바꾸었습니다. 박정희 대통령 시절에 한번 대대적인 개보수와 증축을 하였습니다. 이후 기존에 있던 청와대를 허물고 인근에 새로 짓기 시작하여 1991년 9월 4일에 완공된 것이 지금의 청와대입니다. 이곳은 30여 년 동안 역대 대통령의 집무실과 관저가 되었습니다. 이후 2022년 대통령 관저가 용산으로 이전하면서 경복궁과 후원 영역이 모두 개방이 되었습니다.

사진 출처와 페이지

서윤영 180, 190, 193, 194, 201, 211, 214

위키백과 68, 103, 104, 117, 124, 163

픽사베이 20, 28, 34, 38, 47, 51, 54, 61, 75, 77, 83, 85, 92, 94, 114, 139, 140, 148, 151, 156, 168, 171, 172